中等职业教育"十一五"规划教材

数控技术应用专业

工作过程导向

数控铣削项目教程同步练习（第二版）

SHUKONG

XIXIAO XIANGMU JIAOCHENG TONGBU LIANXI（DI ER BAN）

本书以零件的数控铣削加工工作过程为主线进行编写，共分五个项目，每个项目都设置了目标明确、操作性强的具体任务，并在完成任务的过程中插入理论知识，做到理论与实践的一体化。
本书可作为数控技术应用专业、模具设计及制造专业、机电一体化专业的中等职业教育教材，也可作为从事数控铣床工作的工程技术人员的参考书及数控铣床短期培训用书。

主　编　禹　诚　邵长文　田坤英
副主编　韦　林　王甫茂
参　编　常　春　覃登攀　乔彤瑜
　　　　袁伟才　焦文霞　韩凤平

华中科技大学出版社
http://www.hustp.com
中国·武汉

内容提要

本书以零件的数控铣削加工工作过程为主线进行编写。全书共分五个项目，一个附录。项目一为数控铣床的认识与基本操作；项目二为零件的工艺分析；项目三为数控铣削程序编制；项目四为程序的输入、编辑与校验；项目五为零件的加工与检测；附录为中级工应会试题库。

本书分“教程”和“同步练习”两册。本册为“同步练习”，与《数控铣削项目教程》（第二版）配合使用。

本书既可作为数控技术应用专业、模具设计及制造专业、机电一体化专业的中等职业教育教材，也可作为从事数控铣床工作的工程技术人员的参考书及数控铣床短期培训用书。

目　录

项目一　数控铣床的认识与基本操作

任务 1-1　认识数控铣床

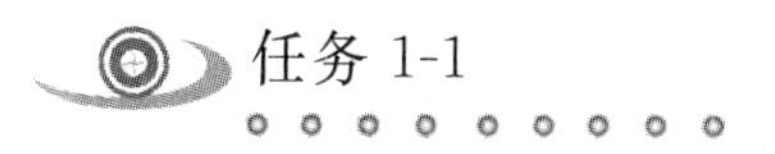

任务 1-1

请将图 1-1 所示的数控铣床各部分的名称及功能填写在表 1-1 中。

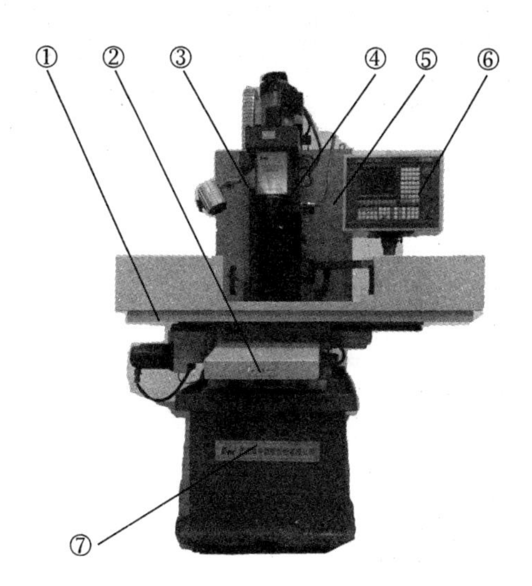

图 1-1　数控铣床各部分的名称

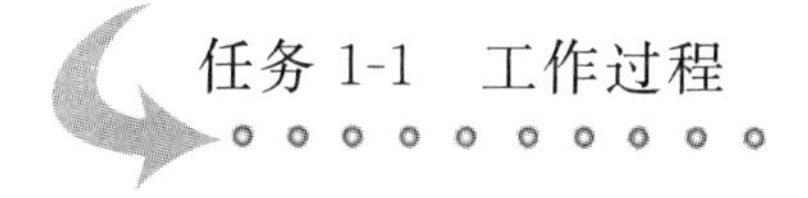

任务 1-1　工作过程

表 1-1　数控铣床各部分的名称及功能

序　　号	名　　称	功　　能
①		
②		
③		
④		
⑤		
⑥		
⑦		

任务 1-2　认识数控铣床控制面板的按键功能

任务 1-2

观察图 1-2 所示的 HNC-21M 数控铣床的控制面板，并进行操作，在表 1-2 中填写相关按键对应的主要功能。

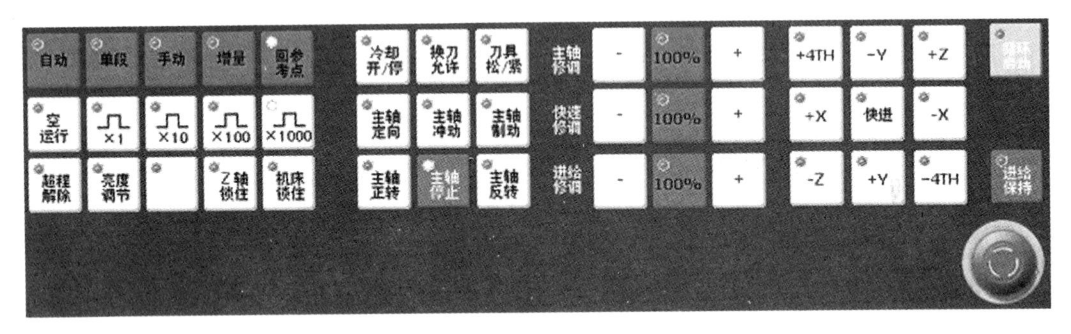

图 1-2　HNC-21M 数控铣床的控制面板

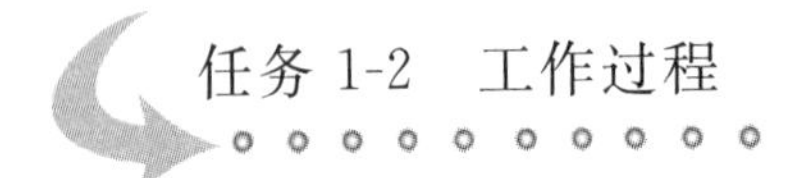

任务 1-2　工作过程

表 1-2　数控铣床控制面板各键的功能

功能模式	控制面板功能键	功能说明
急停	（急停按钮）	
工作方式选择键	自动	
	单段	
	手动	
	增量	
	回参考点	

续表

功能模式	控制面板功能键	功能说明
辅助动作手动控制键	冷却开/停	
	换刀允许	
	刀具松/紧	
	主轴定向	
	主轴冲动	
	主轴制动	
	主轴正转	
	主轴停止	
	主轴反转	
坐标轴移动手动控制键	+4TH　-Y　+Z +X　快进　-X -Z　+Y　-4TH	
增量倍率选择键	×1　×10　×100　×1000	
倍率修调键	主轴修调　-　100%　+ 快速修调　-　100%　+ 进给修调　-　100%　+	
程序运行控制键	循环启动	
	进给保持	

续表

功 能 模 式	控制面板功能键	功 能 说 明
其他键	Z轴锁住	
	机床锁住	
	超程解除	
	空运行	

任务 1-3　机床坐标系的建立

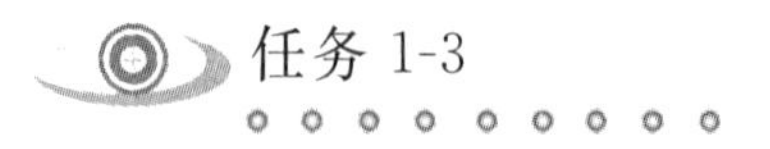

任务 1-3

如图 1-3 所示，在进行 Y 向对刀时，设工件的几何中心 D 点为 XAY 平面的工件零点，则 D 点的机床坐标为多少？

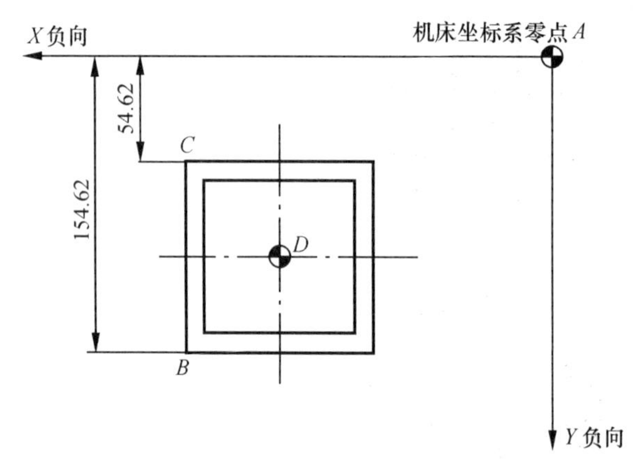

图 1-3　Y 方向对刀设定工件坐标系

任务 1-3　工作过程

B 点的机床 Y 坐标为________，C 点的机床 Y 坐标为________，则 BC 的长度为________，故中点 D 的机床 Y 坐标为________。

任务 1-4　数控铣床手动操作

任务 1-4　同步练习

① 当数控机床在“增量”加工方式下，同时按下 ×1000 按键，使其指示灯亮，则数控机床的最小移动单位是______ mm。

A. 0.001　　B. 0.01　　C. 0.1　　D. 1

② 在数控机床的“______”加工方式下，“进给修调”按键无效。

A. 自动　　B. 单段　　C. 手动　　D. 增量

③ 在数控铣床对某零件进行自动时，如需检查零件的局部尺寸和刀具的磨损情况，请根据操作要点给选项排序，完成数控铣床的操作流程。

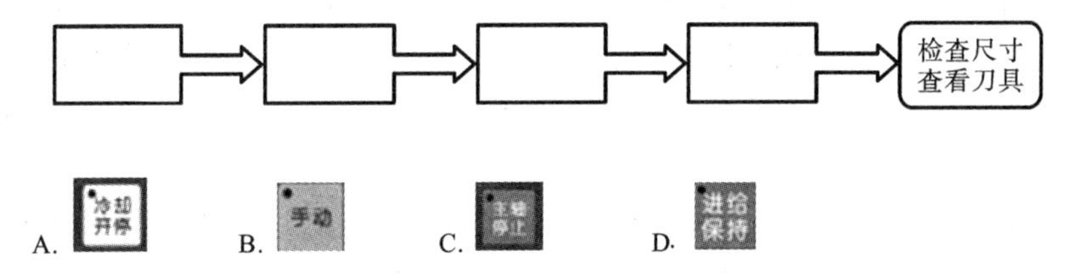

项目二　零件的工艺分析

任务 2-1　工艺路线的确定

任务 2-1　同步练习

① 通过零件图样识读，主要分析______等方面的问题，有助于零件加工工艺的确定。

A. 尺寸标准　　B. 几何要素　　C. 技术要求　　D. 零件材料

② 零件加工顺序的安排一般遵循______原则，主要保证工件的______不被破坏，减少工件______。

A. 基面先行　　B. 先粗后精　　C. 先主后次　　D. 先面后孔

E. 刚度　　F. 强度　　G. 破坏　　H. 变形

③ 顺铣时，每个刀齿的切削厚度______逐渐变化，加工后的表面质量较______，加工时______排削。切削表面有硬皮的毛坯工件，切削刃容易______；

逆铣时，每个刀齿的切削厚度______逐渐变化，加工后的表面质量较______，加工时______排削，切削刃容易______。

A. 由小到大　　B. 由大到小　　C. 光滑　　D. 粗糙

E. 有利于　　F. 不利于　　G. 磨损　　H. 崩刃

④ 一般而言，应使刀具的切入或切出点在沿零件轮廓的______线上，以保证工件轮廓的______，避免在加工表面留下______。加工图 2-1 所示轮廓，选择______进给

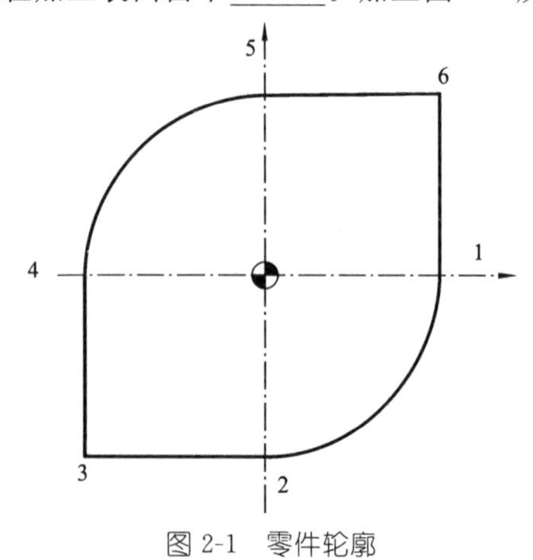

图 2-1　零件轮廓

路线较为合理。

A. 切　　B. 交　　C. 光滑　　D. 刀痕

E. 1234561　　F. 2345612　　G. 3456123　　H. 6123456

任务 2-2　工件的装夹方法

任务 2-2　同步练习

① 毛坯尺寸为 80 mm×80 mm×30 mm，用平口钳加工图示零件凸台，请问毛坯伸出钳口的尺寸为______ mm 较为合适。

A. 15　　B. 18　　C. 12　　D. 25

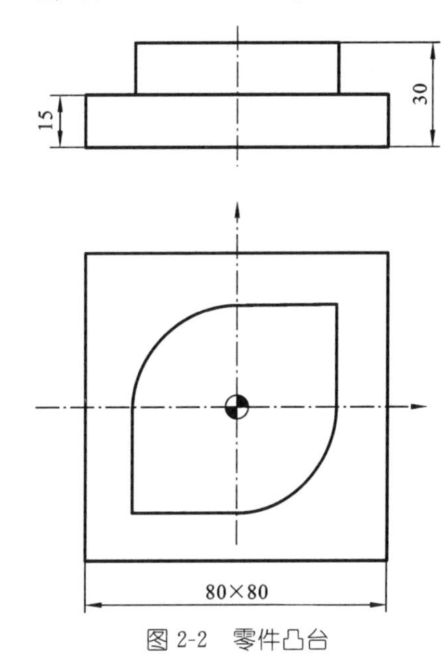

图 2-2　零件凸台

② 图 2-3 所示平口钳安装在数控铣床工作台上，需要用百分表找正______钳口，即图示中的______钳口。

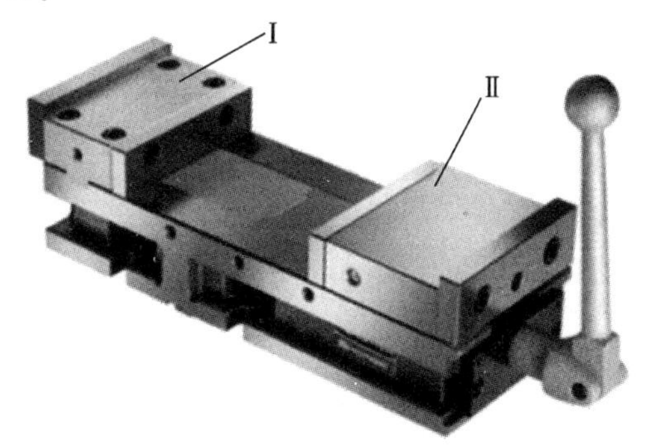

图 2-3　数控铣床工作台

A. 固定钳口　　B. 活动钳口　　C. Ⅰ侧　　D. Ⅱ侧

③ 零件加工时，为了保证加工精度及工件的安装方便可靠，精基准的选择原则主要是______。

A. 基准重合　　B. 基准统一　　C. 自为基准　　D. 互为基准

任务 2-3　数控铣刀的选择

任务 2-3　同步练习

① 若要精加工图 2-4 所示模具零件内轮廓，应该选择______硬质合金刀具。

A. $\phi 6$　　B. $\phi 8$　　C. $\phi 10$　　D. $\phi 12$　　E. $\phi 20$

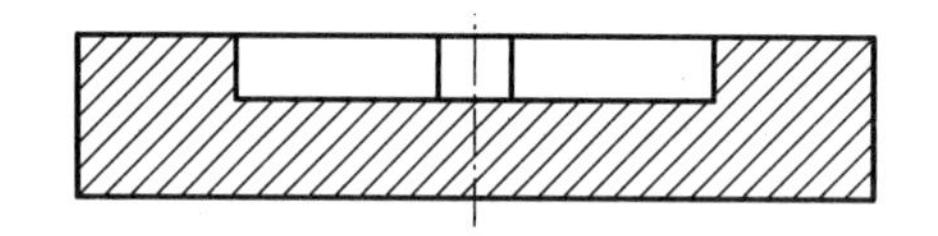

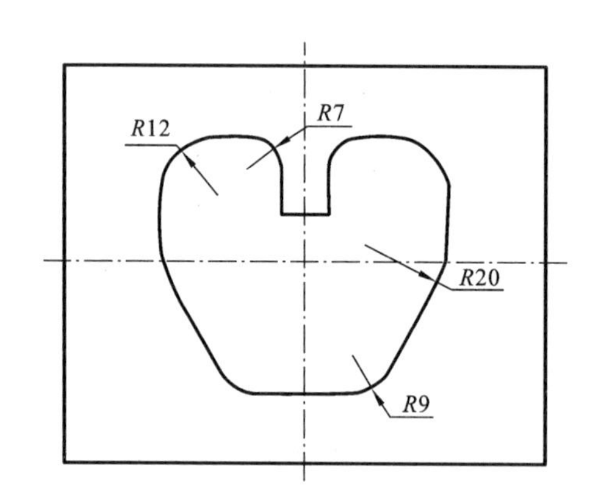

图 2-4　模具零件及内轮廓示意图

② 仔细阅读表 2-1 所示各类刀具材料的物理力学性能，选择正确的答案。

表 2-1　各类刀具材料的物理力学性能

材料种类		密度 ρ /(g/cm^3)	硬度 HRC(HRA)[HV]	抗弯强度 σ bb/GPa	耐热性 /℃
工具钢	碳素工具钢	7.6～7.8	60～65 (81.2～84)	2.16	200～250
	合金工具钢	7.7～7.9	60～65 (81.2～84)	2.35	300～400
	高速工具钢	8.0～8.8	63～70 (83～86.6)	1.96～4.41	600～700

续表

材料种类		密度ρ /(g/cm³)	硬度 HRC(HRA)[HV]	抗弯强度σ bb/GPa	耐热性 /℃
硬质合金	钨钴类	14.3～15.3	(89～91.5)	1.08～2.16	800
	钨钛钴类	9.35～13.2	(89～92.5)	0.882～1.37	900
	含有碳化钽、铌类	—	(～92)	～1.47	1000～1100
	碳化钛基类	5.56～6.3	(92～93.3)	0.78～1.08	1100
陶瓷	氧化铝陶瓷	3.6～4.7	(91～95)	0.44～0.686	1200
	氧化铝碳化物混合陶瓷			0.71～0.88	1100
	氮化硅陶瓷	3.26	[5000]	0.735～0.53	1300
超硬材料	立方氮化硼	3.44～3.49	[8000～9000]	～0.294	1400～1500
	人造金刚石	3.47～3.56	[1000]	0.21～0.48	700～800

(a) 以下的刀具材料中，抗冲击性能最好的是______。

A. 碳素工具钢　B. 合金工具钢　C. 人造金刚石　D. 钨钴类硬质合金

(b) 以下的刀具材料中，耐热性能最好的是______。

A. 碳化钛基类硬质合金　B. 高速工具钢

C. 人造金刚石　D. 立方氮化硼

(c) 以下的刀具材料中，硬度最高的是______。

A. 高速工具钢　B. 钨钛钴类　C. 人造金刚石　D. 立方氮化硼

(d) 如需要对铸件进行粗加工，选择______材料的刀具较为合适。

A. 高速工具钢　B. 钨钛钴类　C. 人造金刚石　D. 立方氮化硼

(e) 如需精加工材料为铝合金的零件，且待加工表面为镜面，应选择______材料的刀片较为合适。

A. 高速工具钢　B. 钨钛钴类　C. 人造金刚石　D. 立方氮化硼

任务 2-4　切削用量的选择

任务 2-4　同步练习

① 链接槽零件已通过粗加工得到如图 2-5 所示的尺寸，现在数控铣床上用 ϕ20 的整体硬质合金立铣刀将槽精铣至图 2-6 所示的尺寸，请问，此时刀具的背吃到量是______，侧吃到量是______。

A. 15　B. 0.6　C. 0.4　D. 0.3

E. 39.4　F. 40　G. 15　H. 0.3

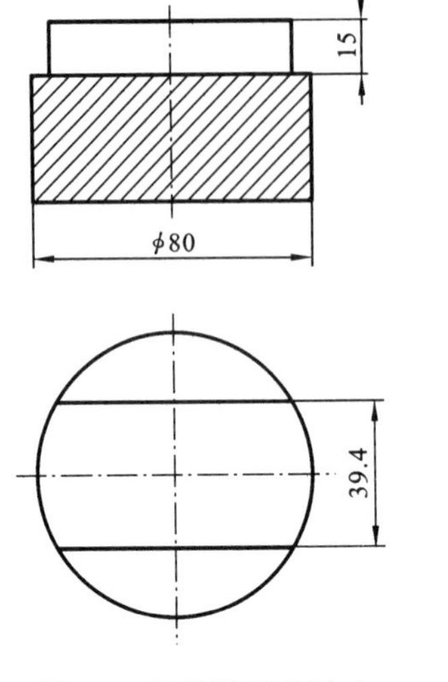

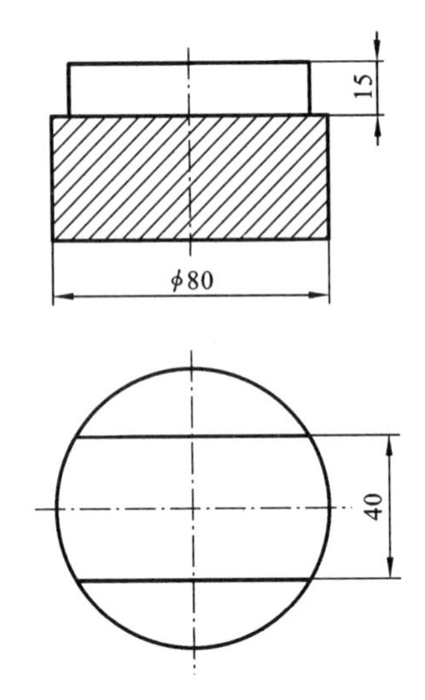

图 2-5　零件粗加工尺寸　　　　图 2-6　零件精加工尺寸

② 链接柱零件已通过粗加工得到如图 2-7 所示的尺寸，现在数控面铣床上用 ϕ80 的面铣刀将上顶面精铣至图 2-8 所示的尺寸，请问，此时刀具的背吃到量是______，侧吃到量是______。

A. 15.4　　B. 40　　C. 0.4　　D. 80

E. 40　　F. 80　　G. 0.4　　H. 0.8

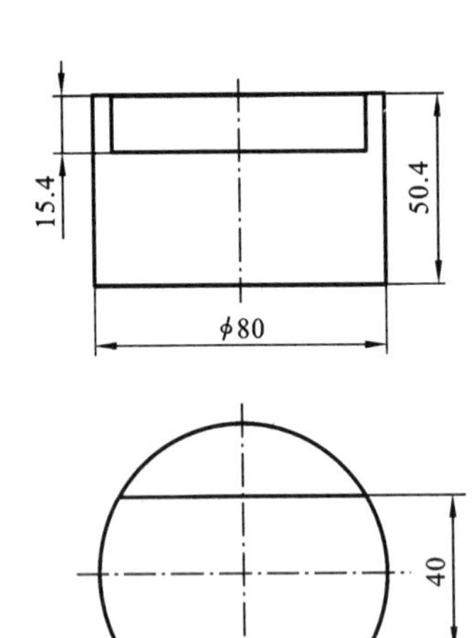

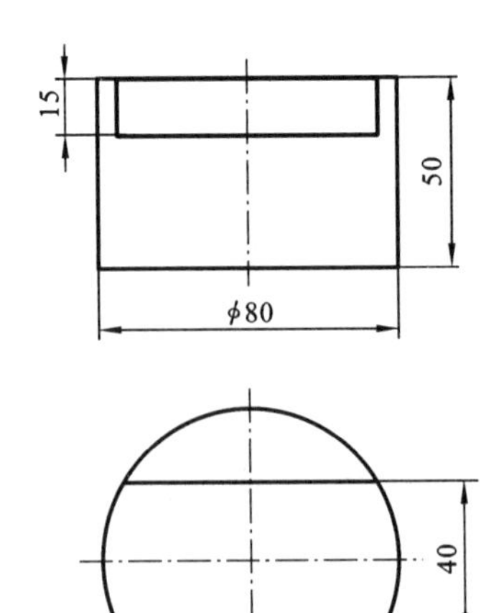

图 2-7　零件粗加工尺寸　　　　图 2-8　零件精加工尺寸

③ 仔细阅读表 2-2 所示的铣削加工的切削参数参考值，选择正确的答案。

表 2-2　铣削加工的切削速度参考值表

待加工工件材料	材料硬度参考值（HBS）	切削速度参考值 V_c/（m/min）	
		高速钢铣刀	硬质合金铣刀
钢	＜225	18～42	66～150
	225～325	12～36	54～120
	325～425	6～21	36～75
铸铁	＜190	21～36	66～150
	190～260	9～18	45～90
	260～320	4．5～10	21～30

（a）一般情况，硬质合金铣刀比高速钢铣刀的切削速度要______。

A. 大　　B. 小　　C. 相同　　D. 差不多

（b）用 ϕ8 的硬质合金铣刀精加工某零件，如按刀具生产厂商推荐使用的 80 m/min 的切削速度进行加工，则此时主轴转速应该是______ r/min。

A. 4000　　B. 3000　　C. 1000　　D. 2000

任务 2-5　工艺卡片的填写

任务 2-5　同步练习

① 仔细阅读表 2-3 所示某数控加工刀具卡，请完成下列填空或选择正确答案。

表 2-3　数控加工刀具卡

产品名称或代号			零件名称		零件图号	05
序号	刀具号	刀具名称及规格	数量	加工表面		备注
1	T01	ϕ60 硬质合金面铣刀	1	铣上平面		
2	T02	ϕ20 硬质合金立铣刀	1	粗铣 100×100 及凸台轮廓		
3	T03	ϕ20 硬质合金立铣刀		精铣 100×100 及凸台轮廓		
编制		审核	批准		共 1 页	第 1 页

（a）加工该零件共使用了______刀具。

A. 1　　B. 2　　C. 3　　D. 4

（b）T03 号刀具是____________铣刀，用于加工________________________________。

（c）用于铣削表面的面铣刀直径是________________。

② 仔细阅读表 2-4 所示某数控加工工序卡，请完成下列填空或选择正确答案。

表 2-4　数控加工工序卡

<table>
<tr><td rowspan="2">单位名称</td><td rowspan="2" colspan="2"></td><td colspan="2">产品名称或代号</td><td colspan="2">零件名称</td><td colspan="2">零件图号</td></tr>
<tr><td colspan="2"></td><td colspan="2">凸台零件</td><td colspan="2">01</td></tr>
<tr><td>工序号</td><td colspan="2">程序编号</td><td colspan="2">夹具名称</td><td colspan="2">使用设备</td><td colspan="2">车间</td></tr>
<tr><td>002</td><td colspan="2">O1002</td><td colspan="2">平口虎钳</td><td colspan="2">XK5032A</td><td colspan="2"></td></tr>
<tr><td>工步号</td><td colspan="2">工步内容</td><td>刀具号</td><td>刀具规格
直径 ϕ/mm</td><td>主轴转速
n/(r/min)</td><td>进给量
f/(mm/r)</td><td>背吃刀量
a_p/ mm</td><td>备注</td></tr>
<tr><td>1</td><td colspan="2">加工上平面</td><td>T01</td><td>60</td><td>1000</td><td>150</td><td>2</td><td></td></tr>
<tr><td>2</td><td colspan="2">粗铣 100×100
外轮廓</td><td>T02</td><td>20</td><td>1000</td><td>200</td><td>4</td><td></td></tr>
<tr><td>3</td><td colspan="2">粗铣凸台轮廓</td><td>T02</td><td>20</td><td>1000</td><td>200</td><td>5</td><td></td></tr>
<tr><td>4</td><td colspan="2">精铣 100×100
外轮廓</td><td>T03</td><td>20</td><td>2500</td><td>100</td><td>24</td><td></td></tr>
<tr><td>5</td><td colspan="2">精铣凸台轮廓</td><td>T03</td><td>20</td><td>3000</td><td>80</td><td>10</td><td></td></tr>
<tr><td>编制</td><td></td><td>审核</td><td>批准</td><td></td><td>日期</td><td></td><td>共 1 页</td><td>第 1 页</td></tr>
</table>

(a) 该零件加工工步有______步，依次是：

(b) 面铣刀的切削速度是______ m/min。

A. 188.4　　B. 1884　　C. 60　　D. 600

(c) 精铣凸台轮廓时的切削速度是______ m/min。

A. 188.4　　B. 1884　　C. 3000　　D. 300

(d) 粗铣 100 mm×100 mm 外轮廓时，设此时 ϕ20 铣刀为 2 刃铣刀，则其每齿进给是______ mm。

A. 0.2　　B. 2　　C. 0.01　　D. 1

(e) 据分析，该凸台零件高度为______ mm。

A. 4　　B. 5　　C. 24　　D. 10

项目三　数控铣削程序编制

任务 3-1　数控铣削编程的基本知识

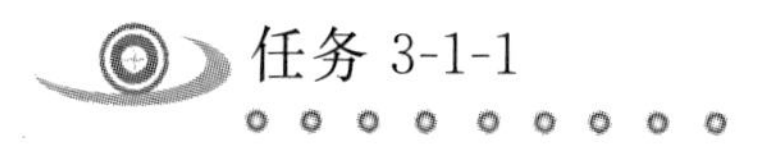

任务 3-1-1

根据表 3-1 中文件名为“03001”的程序单，填写表 3-2 中与程序结构相关的各项内容。

表 3-1　程序单

03001
%3001
N10　G54 G90 G00 X−20 Y−20
N20　M03 S600
N30　G43 H01 Z100
N40　Z5
N50　G01 Z−5 F80
N60　G41 X0 D01
N70　Y30
N80　G03 X10 Y40 R10
N90　G01 X40
N95　Y0
N100　X−20
N110　G40 Y−20
N120　G00 Z100
N130　M05
N140　M30

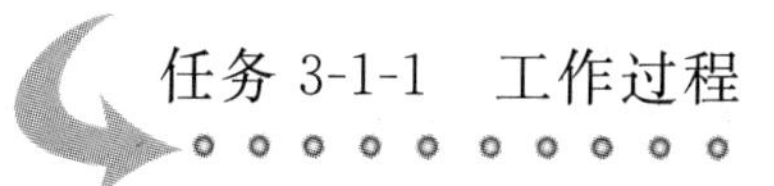

任务 3-1-1　工作过程

填写表 3-2 中的相关内容。

表 3-2　与程序结构相关的内容

序号	项　　目	内　　容
1	该程序的文件名	
2	该程序的程序号	
3	该程序包含几个程序段	
4	程序段“N10 G54 G90 G00 X－20 Y－20”中含有几个指令字	
5	该程序中出现了哪几种功能字	
6	指令字“S600”中的字母“S”是什么功能字	
7	程序段“N90 G03 X40 Y20 R20”中有几个尺寸字	
8	该程序的结束符	

任务 3-1-2

请判断表 3-3 中关于 HNC-21M 数控系统中数控程序的描述是否正确。

任务 3-1-2　工作过程

在表 3-3 中的“□”内打“√”。

表 3-3　关于 HNC-21M 数控系统中数控程序的描述

序号	数控程序的描述	判断结果	
1	数控程序的文件名可以任意命名	□正确	□错误
2	一个程序段可以只由一个指令字构成	□正确	□错误
3	一个零件程序是按照程序段顺序号的升序来执行的	□正确	□错误
4	一个零件程序必须包括起始符和结束符	□正确	□错误
5	指令字必须由专用字母表示的地址字和数据构成	□正确	□错误
6	主程序和子程序可以写在不同的文件名下	□正确	□错误

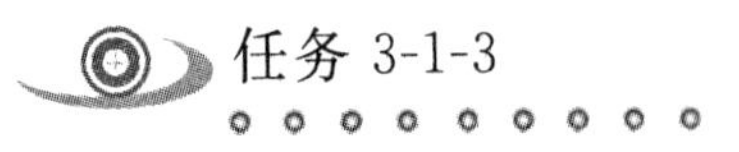

任务 3-1-3

请用直线将图 3-1 左侧方框中的指令代码和右侧方框中的功能注释连接起来。

图 3-1　指令代码与功能注释

任务 3-2　坐标系相关指令

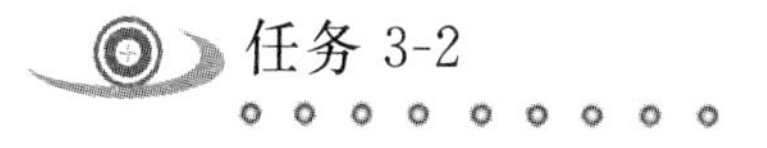

根据图 3-2 所示图形尺寸，以第 5 点为坐标原点，请将图形中各点的 *XY* 坐标值填写在表 3-4 中。

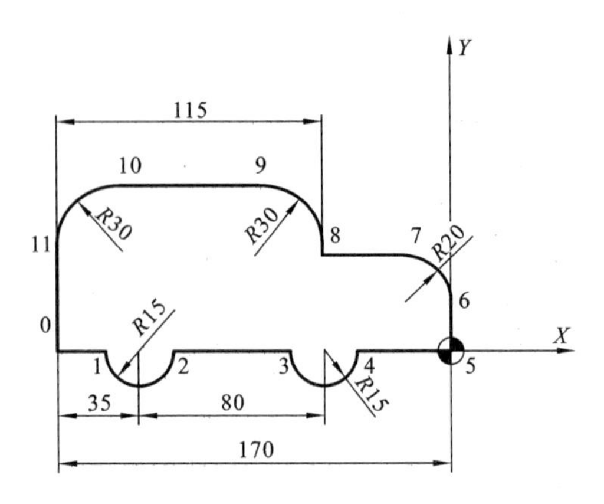

图 3-2　图形尺寸示意图

表 3-4　各点的绝对坐标值与相对坐标值

点序	绝对坐标值		相对坐标值（以 0 点为原点）	
	X	*Y*	*X*	*Y*
0				
1				
2				
3				
4				
5				
6				
7				
8				
9				
10				
11				

任务 3-3　直线插补指令 G00、G01D 的应用

任务 3-3

① 如图 3-3 所示，工件毛坯尺寸为 100 mm×100 mm×50 mm，*A*、*B*、*C*、*D* 四点高度分别为工件上表面 60、120、40、80 mm 处，设 *O* 点为 G54 坐标零点，坐标轴方向如图 3-3 所示。

(a) 请补充表 3-5 所示数控机床从 *A*→*B*→*C*→*D* 快速定位路径程序中所缺的内容。

表 3-5　快速定位路径程序

绝对坐标编程	注释	增量坐标编程
%1111	程序头	%1111
G54 G90 G21	选择工件坐标系，设定编程方式	G54 G___ G21
G00 X___ Y___ Z___	快速定位到 *A* 点	G00 X___ Y___ Z___
X___ Y___ Z___	快速定位到 *B* 点	X___ Y___ Z___
X___ Y___ Z___	快速定位到 *C* 点	X___ Y___ Z___
X___ Y___ Z___	快速定位到 *D* 点	X___ Y___ Z___
M30	程序结束	M30

(b) 设坐标轴方向如图 3-4 所示，请完成表 3-6 所示数控机床 *A*→*B*→*C*→*D* 快速定位路径程序中所缺的内容。

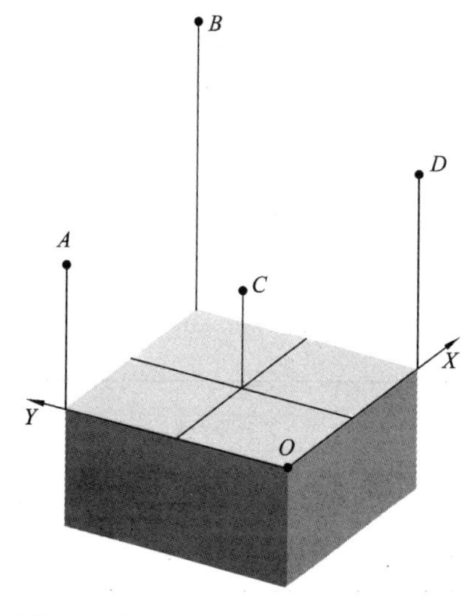

图 3-3　坐标轴方向及定位点示意图一

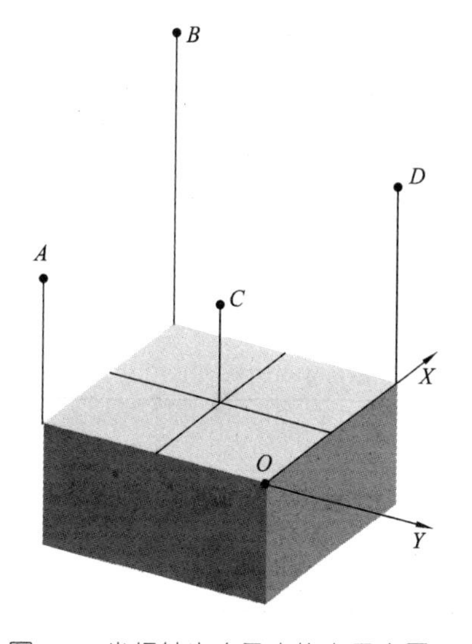

图 3-4　坐标轴方向及定位点示意图二

表 3-6　快速定位路径程序

绝对坐标编程	注释	增量坐标编程
%1112	程序头	%1111
G54 G90 G21	选择工件坐标系，设定编程方式	G54 G ____ G21
G00 X ____ Y ____ Z ____	快速定位到 *A* 点	G00 X ____ Y ____ Z ____
X ____ Y ____ Z ____	快速定位到 *B* 点	X ____ Y ____ Z ____
X ____ Y ____ Z ____	快速定位到 *C* 点	X ____ Y ____ Z ____
X ____ Y ____ Z ____	快速定位到 *D* 点	X ____ Y ____ Z ____
M30	程序结束	M30

② 如图 3-5 所示，在 100 mm×100 mm×50 mm 的铝合金毛坯上，用 $\phi 8$ 的立铣刀铣削深 2 mm 的“W”型槽，请根据图 3-6 所示的刀具轨迹及图形尺寸，以毛坯上表面右前角点（*O* 点）为 G54 工件坐标系原点，完成表 3-7 所示铣槽程序的编制。

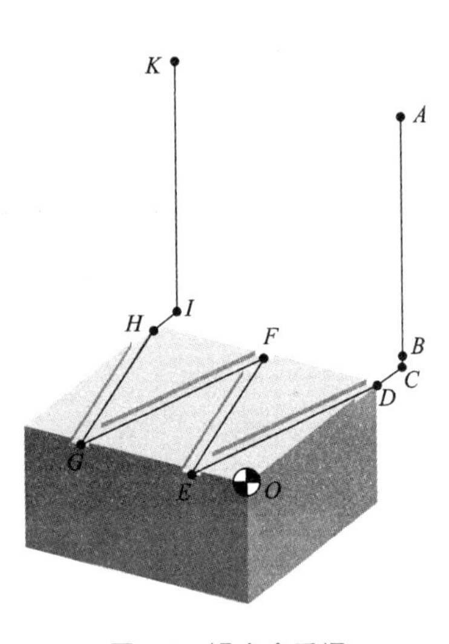

图 3-5　铝合金毛坯

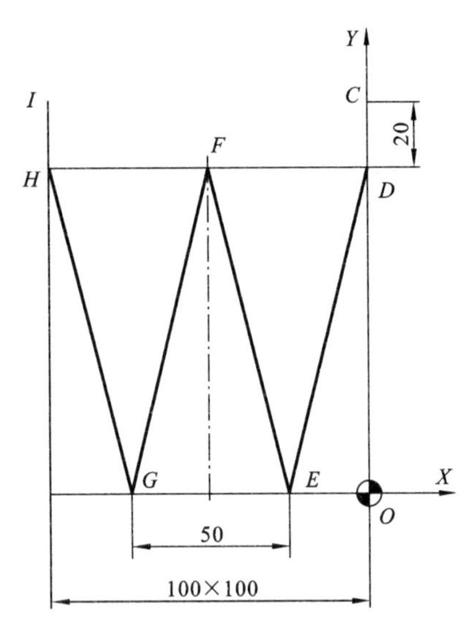

图 3-6　刀具轨迹及图形尺寸

表 3-7　铣槽程序

程序	注释
%1113	程序头
G54 G90 G21 G94	选择工件坐标系，设定编程方式

续表

程序	注释
M03 S800	主轴以 800 r/min 的速度正转
G____ X____ Y____ Z100	快速定位到 *A* 点
Z____	快速定位到距工件上表面 5 mm 的 *B* 点
G____ Z−2 F200	直线插补到 *C* 点
Y____	直线插补到 *D* 点
X____ Y____	直线插补到 *E* 点
X____ Y____	直线插补到 *F* 点
X____ Y____	直线插补到 *G* 点
X____ Y____	直线插补到 *H* 点
Y____	直线插补到 *I* 点
Z____	快速定位到 *K* 点
M30	程序结束

③ 根据表 3-8 中的已知程序，按要求绘制刀具轨迹图。

表 3-8　刀具控制程序

程序	注释
%1113	程序头
G54 G90 G21 G94	选择工件坐标系，设定编程方式
M03 S800	主轴以 800 r/min 的速度正转
G00 X30 Y0 Z100	快速定位到下刀点的安全高度
Z2	快速定位到下刀点
G 01 Z−2 F200	直线插补进刀

续表

程序	注释
X26（*A* 点）	请在下图区域内绘制从 *A*→*B*→*C*→*D*→*E*→*F*→*G*→*H*→*A* 的刀具轨迹图。
X8 Y8（*B* 点）	
X0 Y26（*C* 点）	
X−8 Y8（*D* 点）	
X−26 Y0（*E* 点）	
X−8 Y−8（*F* 点）	
X0 Y−26（*G* 点）	
X8 Y−8（*H* 点）	
X26 Y0（*A* 点）	
G00 Z 100	快速退刀
M30	程序结束

任务 3-4　圆弧插补指令 G02、G03 的应用

任务 3-4　同步练习

① 请根据图 3-7 所示坐标平面中的圆弧轮廓图形，填写表 3-9 中的圆弧编程指令。

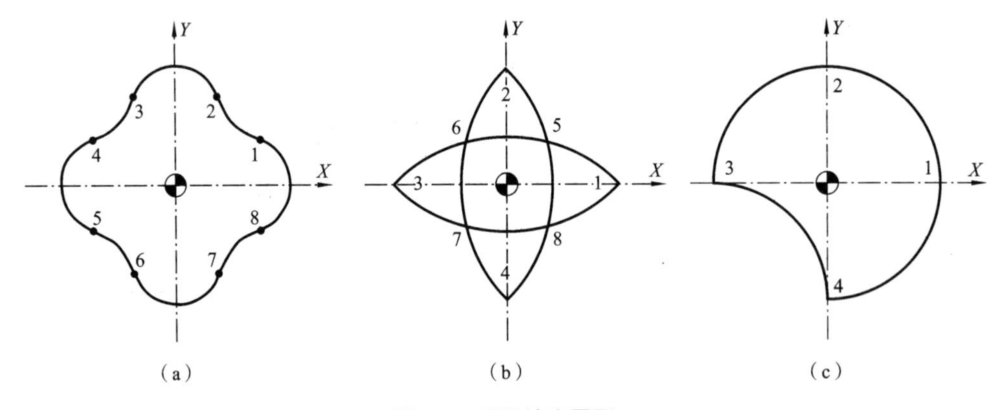

图 3-7　圆弧轮廓图形

表 3-9　圆弧编程指令

图 3-7（a）（G17 平面）		图 3-7（b）（G17 平面）		图 3-7（c）（G17 平面）	
圆弧方向	编程指令	圆弧方向	编程指令	圆弧方向	编程指令
圆弧 12		圆弧 1563		圆弧 4123	
圆弧 23		圆弧 1873		劣弧 43	
圆弧 34		圆弧 2674		圆弧 3214	
圆弧 45		圆弧 2584		劣弧 34	
圆弧 54		圆弧 3651			
圆弧 43		圆弧 3781			
圆弧 32		圆弧 4762			
圆弧 21		圆弧 4851			

② 请根据图 3-8 所示坐标平面中的圆弧轮廓图形，填写表 3-10 中的圆弧编程指令。

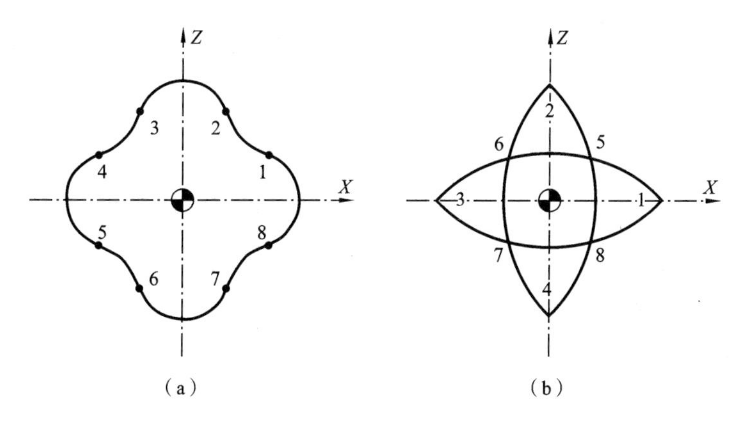

图 3-8　圆弧轮廓图形

表 3-10　圆弧编程指令

图 3-8（a）（G18 平面）		图 3-8（b）（G18 平面）	
圆弧方向	编程指令	圆弧方向	编程指令
圆弧 12		圆弧 1563	
圆弧 23		圆弧 1873	
圆弧 34		圆弧 2674	
圆弧 45		圆弧 2584	
圆弧 54		圆弧 3651	
圆弧 43		圆弧 3781	
圆弧 32		圆弧 4762	
圆弧 21		圆弧 4852	

③ 请根据图 3-9 所示坐标平面中的圆弧轮廓图形，填写表 3-11 中的圆弧编程指令。

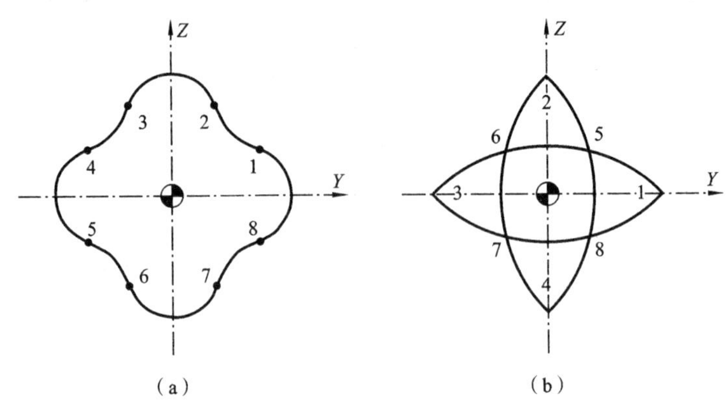

图 3-9　圆弧轮廓图形

表 3-11　圆弧编程指令

图 3-9（a）（G19 平面）		图 3-9（b）（G19 平面）	
圆弧方向	编程指令	圆弧方向	编程指令
圆弧 12		圆弧 1563	
圆弧 23		圆弧 1873	
圆弧 34		圆弧 2674	
圆弧 45		圆弧 2584	
圆弧 54		圆弧 3651	
圆弧 43		圆弧 3781	
圆弧 32		圆弧 4762	
圆弧 21		圆弧 4852	

④ 如图 3-10 所示，在尺寸为 ϕ100 mm×50 mm 的铝毛坯上，用 ϕ8 的立铣刀铣削深 2 mm的“风车”槽，请根据图 3-11 所示的刀具轨迹及图形尺寸，以毛坯上表面中心（O 点）为 G54 工件坐标系零点，完成表 3-12 中铣槽程序的编制。

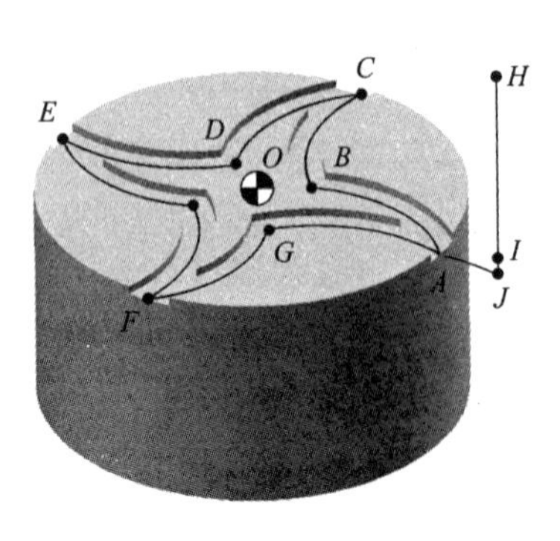

图 3-10　铝毛坯示意图

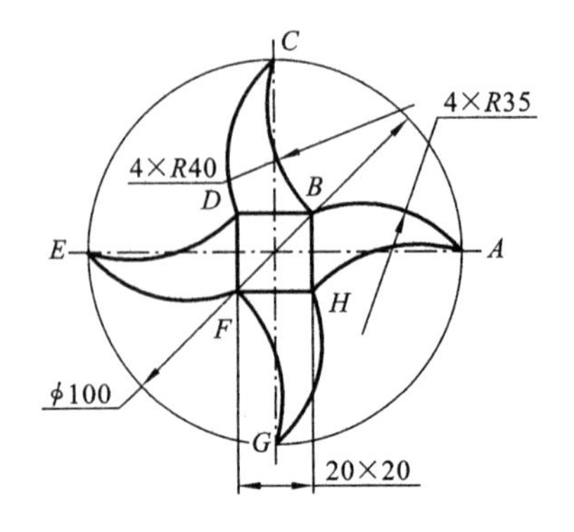

图 3-11　刀具轨迹及图形尺寸

表 3-12　铣槽程序

程序	注释
%1113	程序头
G54 G90 G21 G94	选择工件坐标系，设定编程方式
M03 S1000	主轴以 1000 r/min 的速度正转
G____ X____ Y____ Z100	快速定位到 *H* 点
Z____	快速定位到距工件上表面 2 mm 的 I 点
G____ Z−2 F200	直线插补到 *J* 点
X____	直线插补到 *A* 点
G____ X____ Y____ R____	圆弧插补到 *B* 点
G____ X____ Y____ R____	圆弧插补到 *C* 点
G____ X____ Y____ R____	圆弧插补到 *D* 点
G____ X____ Y____ R____	圆弧插补到 *E* 点
G____ X____ Y____ R____	圆弧插补到 *F* 点
G____ X____ Y____ R____	圆弧插补到 *G* 点
G____ X____ Y____ R____	圆弧插补到 *A* 点
G____ X____ Y____	直线插补到 *J* 点
G____ Z____	快速定位到 *K* 点
M30	程序结束

⑤ 根据表 3-13 中的已知程序，按要求绘制刀具轨迹图。

表 3-13　刀具控制程序

程序	注释
%1113	程序头
G54 G90 G21 G94	选择工件坐标系，设定编程方式
M03 S800	主轴以 800 r/min 的速度正转
G00 X50 Y0 Z100	快速定位到下刀点的安全高度
Z2	快速定位到下刀点（*A* 点）
G 01 Z−2 F200	直线插补进刀

续表

程序	注释
G 02 X0 Y50 R75（B 点）	请在下图区域内绘制从 $A\rightarrow B\rightarrow C\rightarrow D\rightarrow A\rightarrow B\rightarrow C\rightarrow A$ 的刀具轨迹图。
X－50 Y0 R75（C 点）	
X0 Y－50 R75（D 点）	
X50 Y0 R75（A 点）	
G 03 X0 Y50 R60（B 点）	
X－50 Y0 R60（C 点）	
X0 Y－50 R60（D 点）	
X50 Y0 R60（A 点）	
G00 Z 100	快速退刀
M30	程序结束

任务 3-5　刀具半径补偿指令 G40、G41、G42 的应用

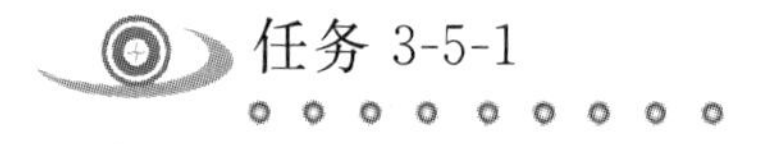

任务 3-5-1

利用刀具半径补偿指令，将图 3-12 所示零件的轮廓精加工程序及各程序段功能填写在表 3-14 中。

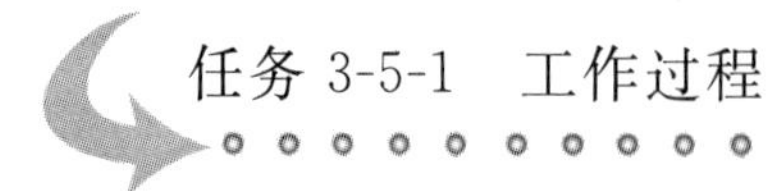

任务 3-5-1　工作过程

在表 3-14 中填写程序并解释其功能。

请利用刀具半径补偿指令，将图 3-12 所示零件的轮廓精加工程序及各程序段功能填写在表 3-14 中。

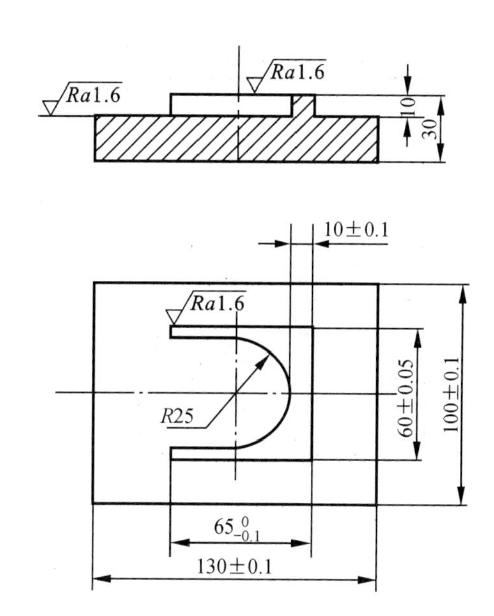

图 3-12　零件图

表 3-14　零件加工程序

程　序　单	功　　能

任务 3-5-2

请利用刀具半径补偿指令，将图 3-13 所示零件的轮廓精加工程序及各程序段功能填写在表 3-15 中。

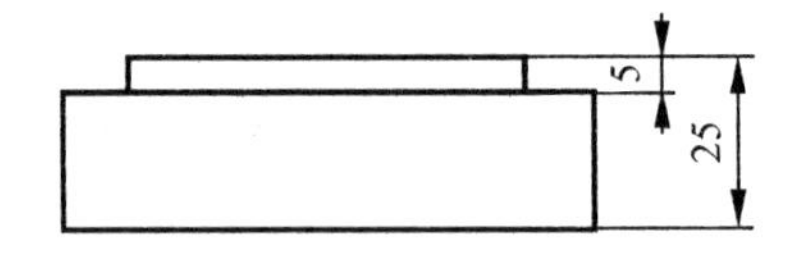

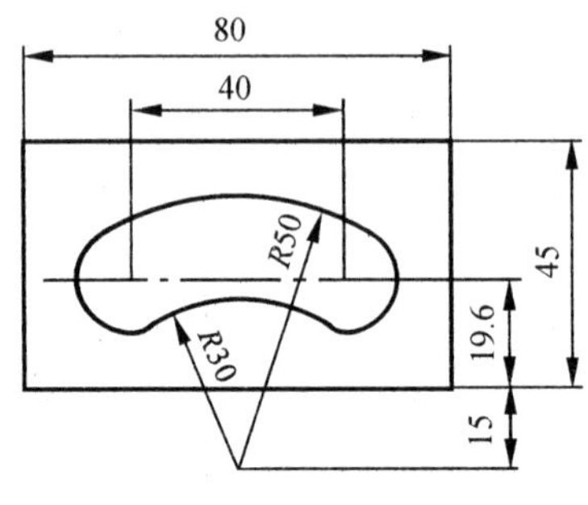

图 3-13　零件图

任务 3-5-2　工作过程

在表 3-15 中填写程序并解释其功能。

表 3-15　零件加工程序

程　序　单	功　　能

任务 3-5-3

根据图 3-14 所示轮廓加工轨迹，判断使用何种刀具半径补偿指令。

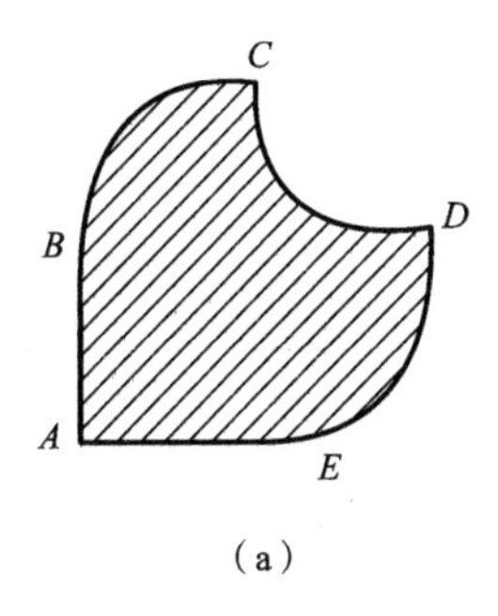

(a)

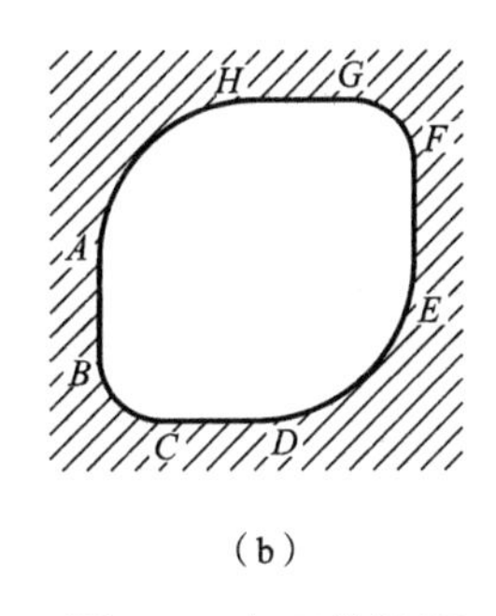

(b)

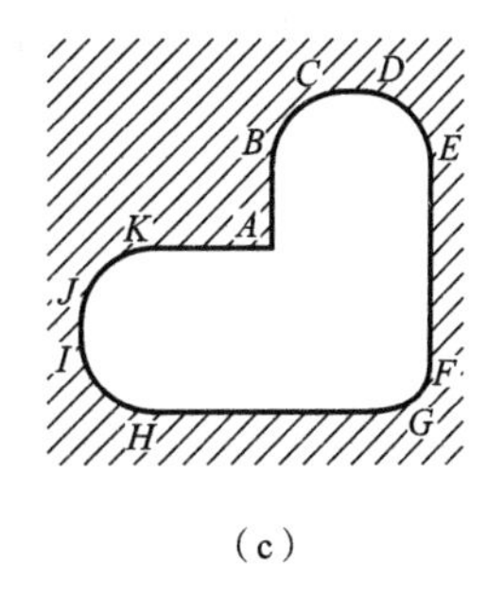

(c)

图 3-14　加工轨迹图

任务 3-5-3　工作过程

填写指令。

图（a）：在 *XY* 加工平面内，加工轨迹 *ABCDEA* 刀具半径补偿为 G ____指令；

图（a）：在 *XY* 加工平面内，加工轨迹 *AEDCBA* 刀具半径补偿为 G ____指令；

图（b）：在 *XY* 加工平面内，加工轨迹 *ABCDEFGHA* 刀具半径补偿为 G ____指令；

图（b）：在 *XY* 加工平面内，加工轨迹 *AHGFEDCBA* 刀具半径补偿为 G ____指令；

图（c）：在 *XZ* 加工平面内，加工轨迹 *ABCDEFGHIJKA* 刀具半径补偿为 G ____指令；

图（c）：在 *XZ* 加工平面内，加工轨迹 *AKJIHGFEDCBA* 刀具半径补偿为 G ____指令。

任务 3-5-4

请补充图 3-15 所示凸台轮廓的精加工程序。

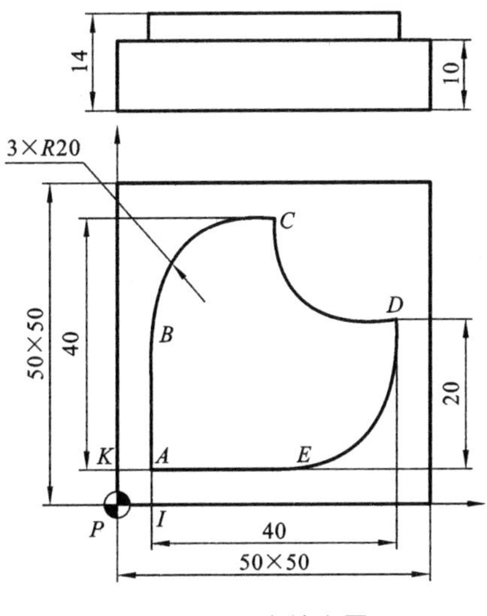

图 3-15　凸台轮廓图

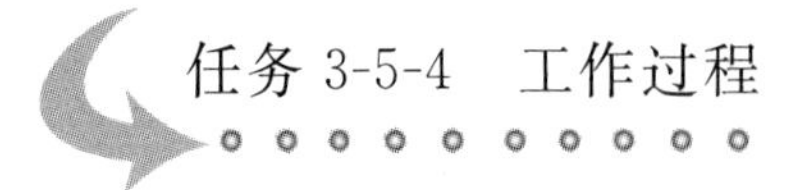

任务 3-5-4 工作过程

请补全表 3-16 中的程序。

表 3-16 精加工程序

程序	注释
%7001	ϕ10 立铣刀精加工程序
N10 G54 G90 G21 G94	G54 坐标原点设在工件上表面左前角点
N20 M03 S800	主轴以 800 r/min 的速度正转
N30 G00 Z50	快速定位到工件上表面 50 mm 处
N40 X−5 Y−5	快速定位到下刀位置的安全平面
N50 Z2	快速定位到下刀位置的 Z2 平面
N60 G01 Z−4 F100 M07	直线下刀到切削深度−4 mm 处的 *P* 点
N70 G____ G01 X5 Y0 D1	直线插补到 *I* 点，同时建立左刀补
N80 G01 X5 Y5	直线插补到 *A* 点
N90 Y25	直线插补到 *B* 点
N100 G____ X____ Y____ R____	顺圆插补到 *C* 点
N110 G____ X____ Y____ R____	逆圆插补到 *D* 点
N120 G02 X25 Y5 R20	顺圆插补到 E 点
N130 G01 X0	直线插补到 *K* 点
N140 G____ G01 X−5 Y−5	直线插补到 *P* 点，同时取消刀补
N150 G00 Z50	快速抬刀到安全平面
N160 M30	程序结束

任务 3-5-5

请根据表 3-17 中的程序注释，编制图 3-16 所示腔内轮廓精加工程序。

任务 3-5-5 工作过程

在表 3-17 中填写程序。

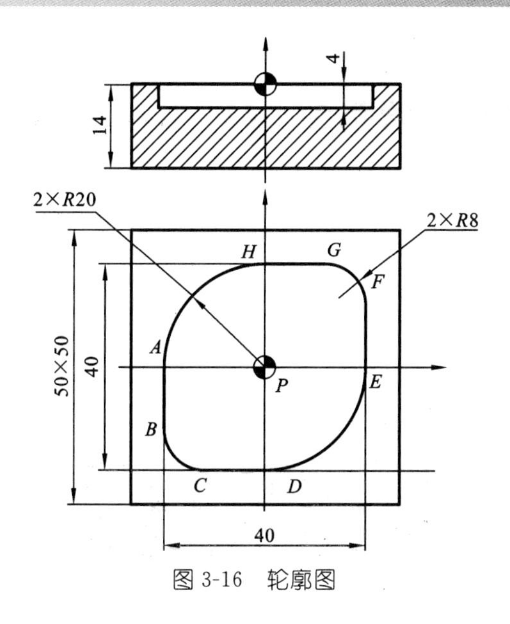

图 3-16　轮廓图

表 3-17　腔内轮廓精加工程序

程序	注释
	ϕ10 立铣刀精加工程序
	G54 坐标原点设在工件上表面对称中心
	主轴以 800 r/min 的速度正转
	快速定位到工件上表面 50 mm 处
	快速定位到下刀位置的安全平面
	快速定位到下刀位置的 Z2 平面
	直线下刀到切削深度−4 mm 处的 *P* 点
	直线插补到 *A* 点，同时建立左刀补，调用 02 号刀具半径补偿值
	直线插补到 *B* 点
	增量编程，逆圆插补到 *C* 点
	直线插补到 *D* 点
	逆圆插补到 *E* 点
	直线插补到 *F* 点
	逆圆插补到 *G* 点
	直线插补到 *H* 点
	逆圆插补到 *A* 点
	直线插补到 *P* 点，同时取消刀补
	快速抬刀到安全平面
	程序结束

任务 3-6　刀具长度补偿指令 G43、G44、G49 的应用

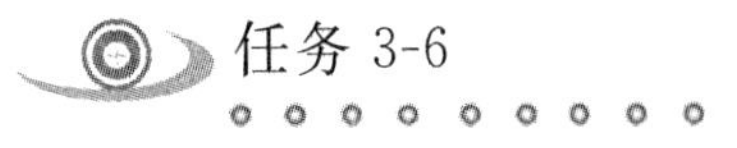

任务 3-6

利用刀具长度补偿指令，将图 3-17 所示零件的轮廓精加工程序及各程序段功能填写在表 3-18 中。

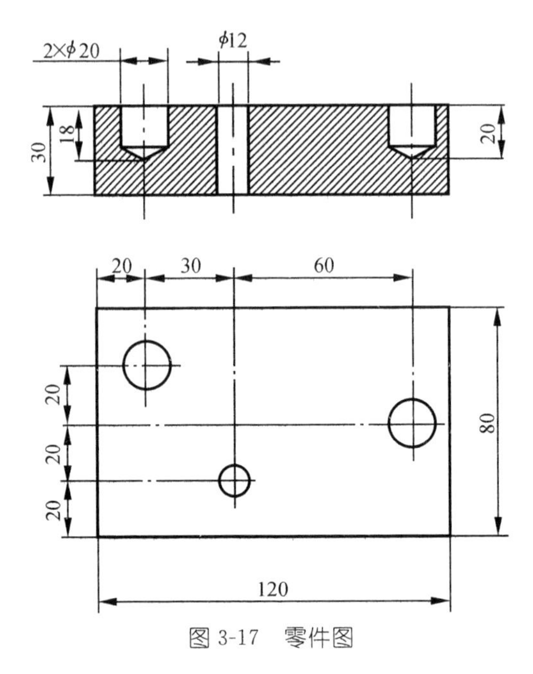

图 3-17　零件图

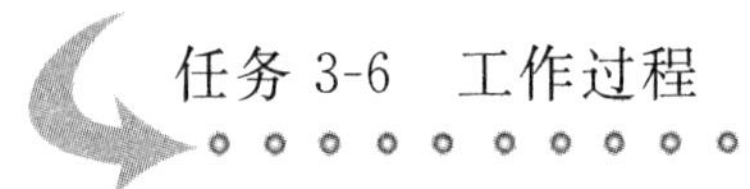

任务 3-6　工作过程

在表 3-18 中填写程序并解释其功能。

表 3-18　零件加工程序

程　序　单	功　　能

任务 3-7　固定循环指令

任务 3-7-1

如图 3-18 所示零件，材料为 45 钢，在立式数控铣床上加工该零件上的两个通孔。将加工程序及各程序段功能填写在表 3-19 中。

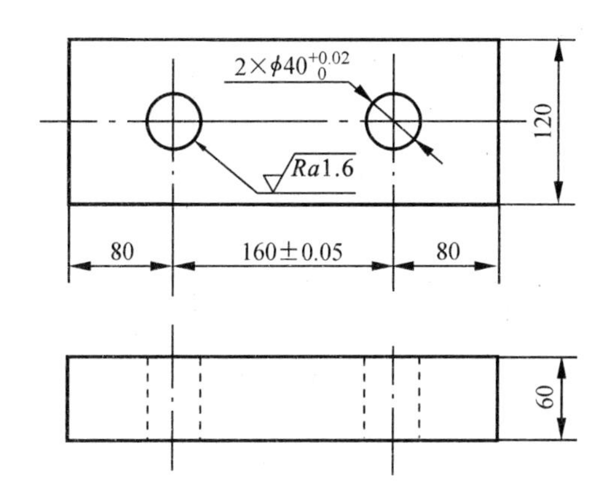

图 3-18　粗、精镗孔零件图

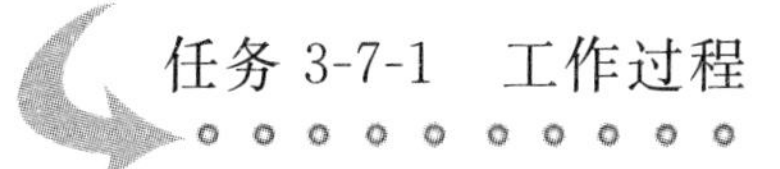

任务 3-7-1　工作过程

在表 3-19 中填写程序并解释其功能。

表 3-19　零件加工程序

程　序　单	功　　能

任务 3-7-2

如图 3-19 所示零件，材料为铝合金，在立式数控铣床上加工 4 个ϕ 26 mm的沉头孔，要求沉头孔底平整。将加工程序及各程序段功能填写在表 3-20 中。

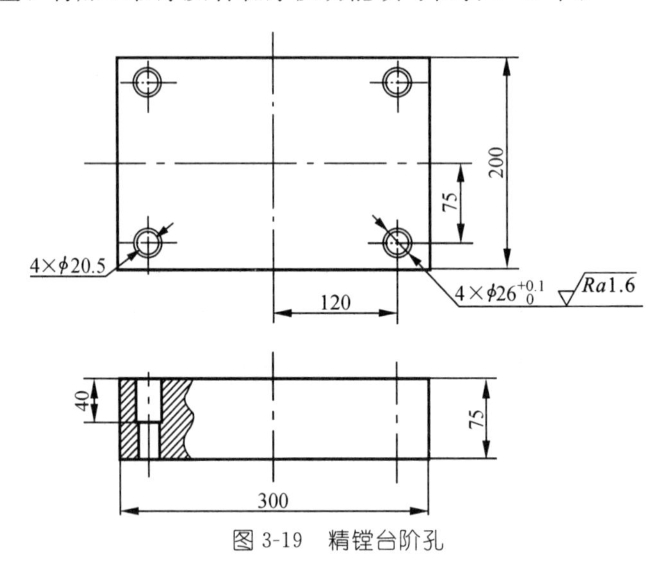

图 3-19　精镗台阶孔

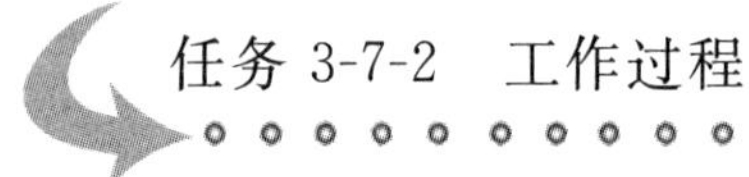

任务 3-7-2　工作过程

在表 3-20 中填写程序并解释其功能。

表 3-20　零件加工程序

程　序　单	功　　能

任务 3-7-3

如图 3-20 所示零件，对图中的 4 个孔进行攻螺纹，深度为 10 mm。将加工程序及各程序段功能填写在表 3-21 中。

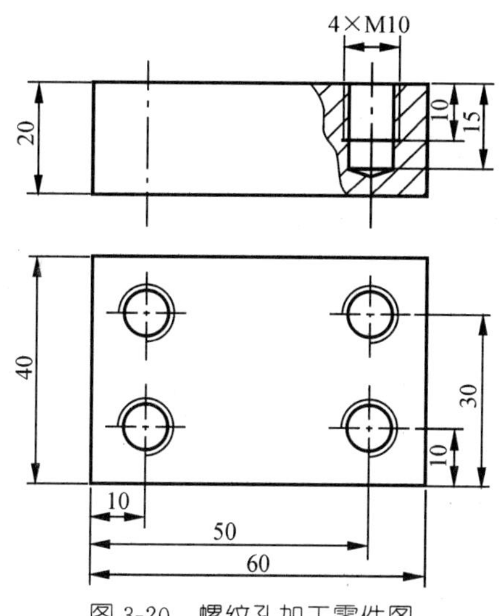

图 3-20 螺纹孔加工零件图

任务 3-7-3 工作过程

在表 3-21 中填写程序并解释其功能。

表 3-21 零件加工程序

程 序 单	功 能

任务 3-8 简化编程指令

任务 3-8-1

将图 3-21 所示零件的轮廓精加工程序及各程序段功能填写在表 3-22 中。

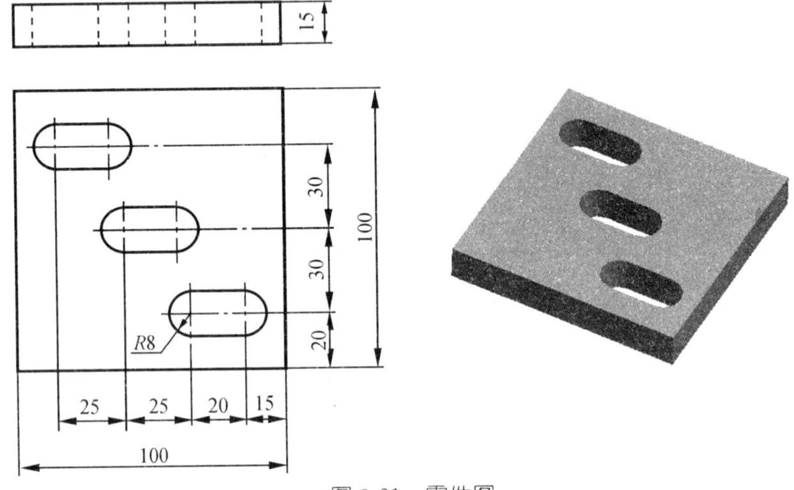

图 3-21 零件图

任务 3-8-1 工作过程

在表 3-22 中填写程序并解释其功能。

表 3-22 零件加工程序

程 序 单	功 能

任务 3-8-2

将图 3-22 所示零件的轮廓精加工程序及各程序段功能填写在表 3-23 中。

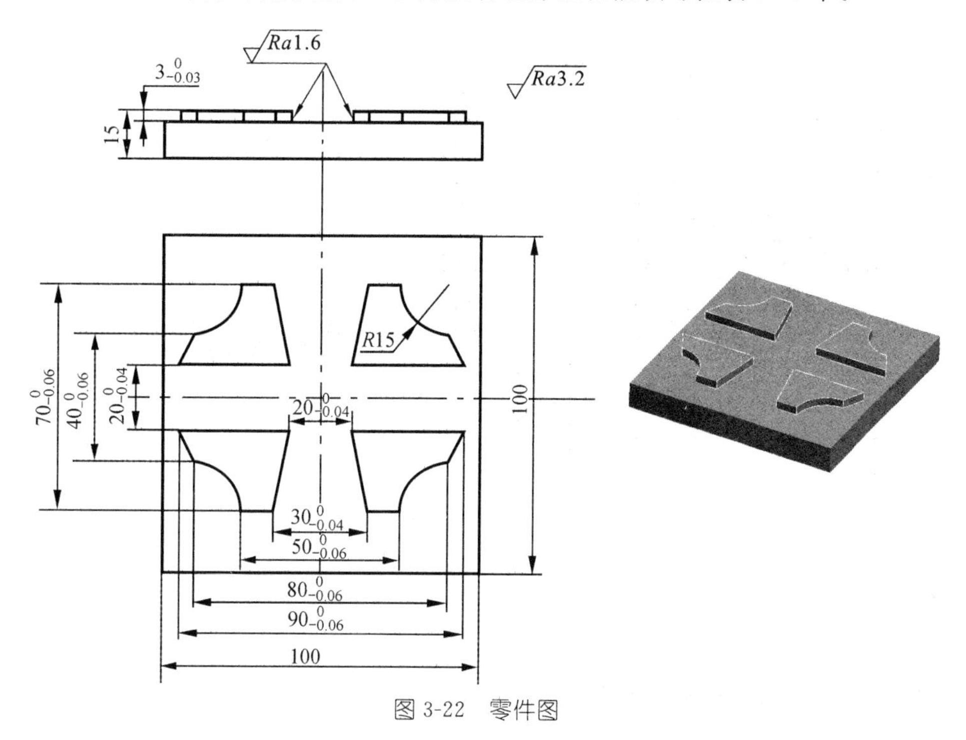

图 3-22　零件图

任务 3-8-2　工作过程

在表 3-23 中填写程序并解释其功能。

表 3-23　零件加工程序

程　序　单	功　　能

任务 3-8-3

将图 3-23 所示圆弧槽零件的轮廓精加工程序及各程序段功能填写在表 3-24 中。

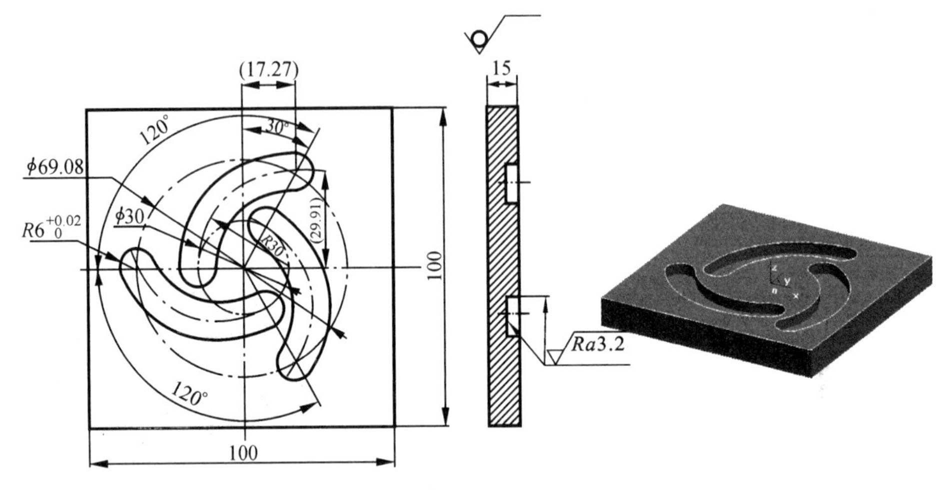

图 3-23　圆弧槽零件

任务 3-8-3　工作过程

在表 3-24 中填写程序并解释其功能。

表 3-24　零件加工程序

程　序　单	功　　能

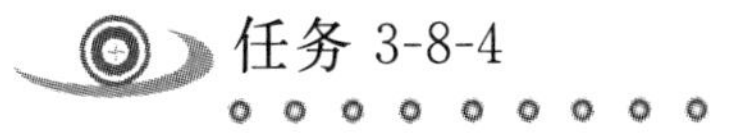

任务 3-8-4

将图 3-24 所示花盘零件的轮廓精加工程序及各程序段功能填写在表3-25中。

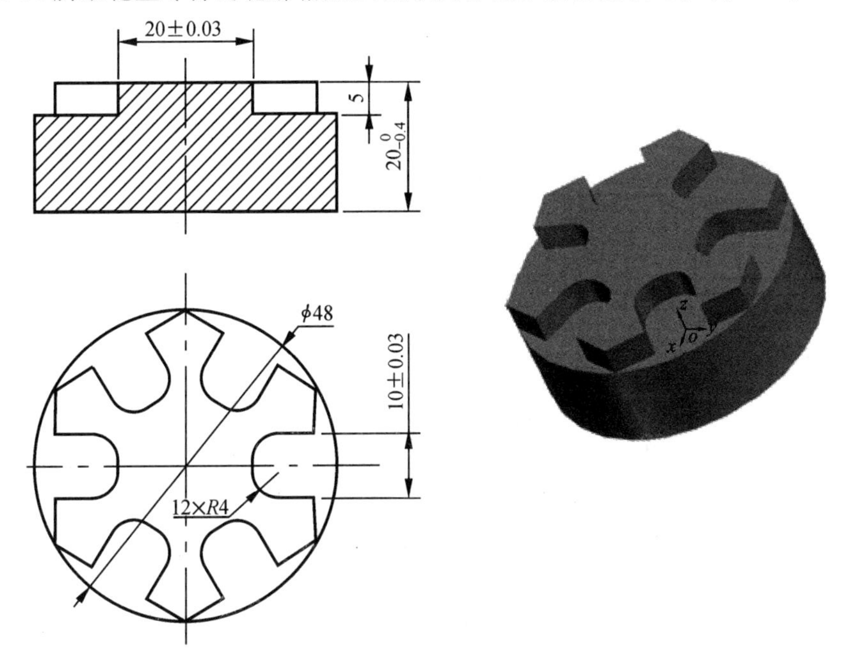

图 3-24　花盘零件

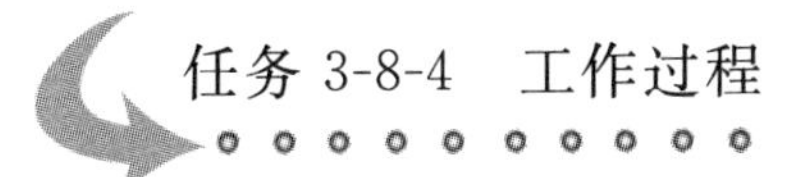

任务 3-8-4　工作过程

在表 3-25 中填写程序并解释其功能。

表 3-25　零件加工程序

程　序　单	功　　能

项目四　程序的输入、编辑与校验

任务 4-1　数控系统操作面板的认识

任务 4-1-1

如图 4-1 所示为某一显示界面，请填写表 4-1 中的项目内容。

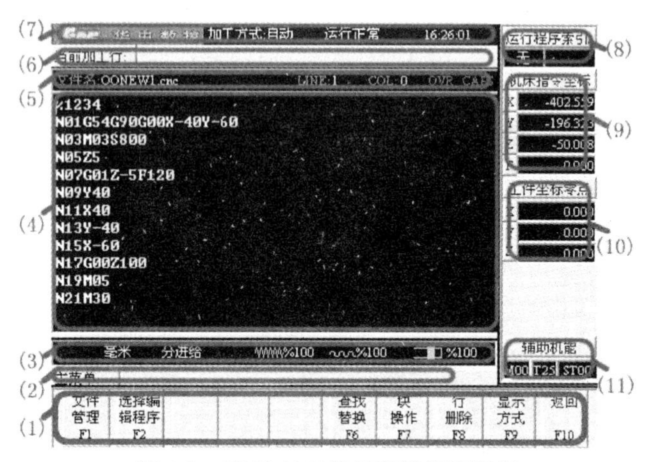

图 4-1　HNC-21M 数控系统操作面板

任务 4-1-1　工作过程

在表 4-1 中填写相关内容。

表 4-1　项目内容

项　　目	内　　容
系统当前时间	
当前加工方式	
当前文件名	
当前程序名	
当前进给方式	
当前进给倍率	
当前快速手动倍率	
当前主轴倍率	
直径/半径编程模式	

任务 4-1-2

请按下文要求填写 HNC-21M 数控系统的菜单内容。

任务 4-1-2　工作过程

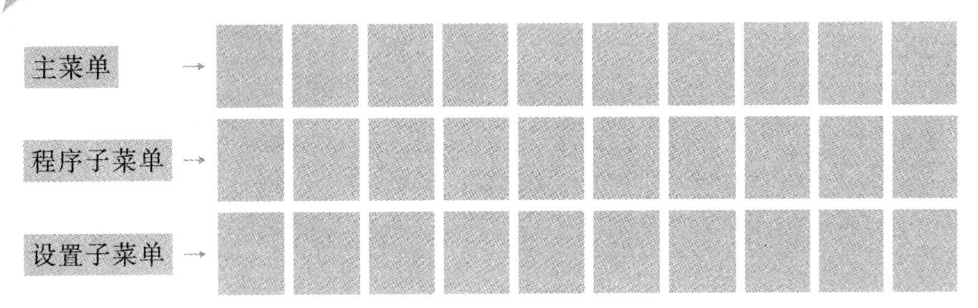

任务 4-2　程序的输入、编辑流程

任务 4-2-1

新建一个文件名为 OLX1 的程序，完成表 4-2 中程序的输入并保存。

任务 4-2-1　工作过程

表 4-2　文件名为 OLX1 的程序

文　件　名	OLX1
第 0 行	%3003
第 1 行	N02 G54 G90 G00 X0 Y－20
第 2 行	N04 M03 S800
第 3 行	N06 Z5
第 4 行	N08 G01 Z－5 F60
第 5 行	N10 Y17
第 6 行	N12 X10 Y30
第 7 行	N14 X50
第 8 行	N16 Y12
第 9 行	N18 X22 Y0
第 10 行	N20 X－20
第 11 行	N22 G00 Z100
第 12 行	N24 M05
第 13 行	N26 M30

任务 4-2-2

首先新建一个程序 OLX2，按表 4-3 输入内容并保存；然后修改第 9、10 行的内容，编辑完毕后将文件另存为 OLX3。

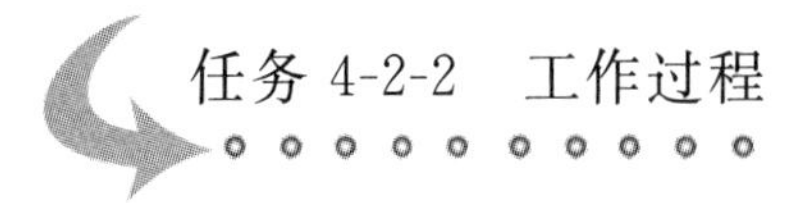

任务 4-2-2　工作过程

表 4-3　将程序 OLX2 修改并保存文件名为 OLX3

文　件　名	OLX2
第 0 行	%3005
第 1 行	N10 G17 G40
第 2 行	N15 G54G90G00X－20Y－20
第 3 行	N20 M03 S800
第 4 行	N25 Z5
第 5 行	N30 G01 Z－5 F60
第 6 行	N35 G41 X0 D01
第 7 行	N40 Y40
第 8 行	N45 X40 Y60
第 9 行	N50 G02 X80 Y20 J－40
第 10 行	N55 X60 Y0 I－20
第 11 行	N60 G01 X－20
第 12 行	N65 G40 Y－20
第 13 行	N70 G00 Z100
第 14 行	N75 M05
第 15 行	N80 M30

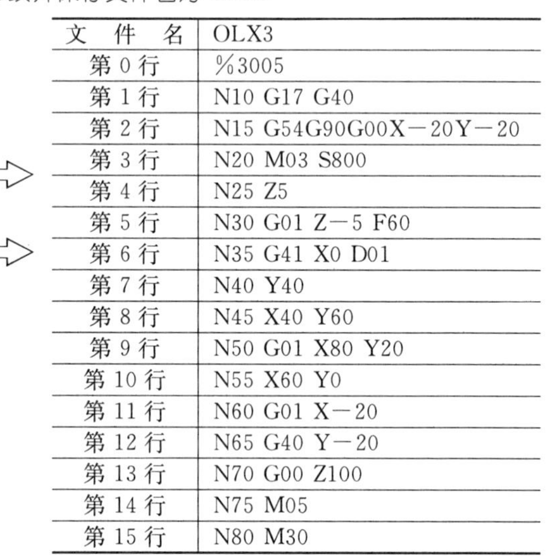

文　件　名	OLX3
第 0 行	%3005
第 1 行	N10 G17 G40
第 2 行	N15 G54G90G00X－20Y－20
第 3 行	N20 M03 S800
第 4 行	N25 Z5
第 5 行	N30 G01 Z－5 F60
第 6 行	N35 G41 X0 D01
第 7 行	N40 Y40
第 8 行	N45 X40 Y60
第 9 行	N50 G01 X80 Y20
第 10 行	N55 X60 Y0
第 11 行	N60 G01 X－20
第 12 行	N65 G40 Y－20
第 13 行	N70 G00 Z100
第 14 行	N75 M05
第 15 行	N80 M30

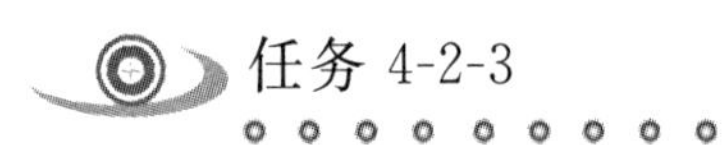

任务 4-2-3

根据 HNC-21M 数控系统的编辑功能，填写表 4-4 中的快捷键符号。

任务 4-2-3　工作过程

在表 4-4 中填写相关内容。

表 4-4　HNC-21M 数控系统的快捷键

序　　号	功　　能	快　捷　键	类　　别
1	定义块首		编辑功能快捷键
2	定义块尾		
3	删除		
4	剪切		
5	拷贝		
6	复制		
7	查找		
8	替换		
9	继续查找		
10	光标移到文件首		
11	光标移到文件尾		
12	行删除		

续表

序　　号	功　　能	快　捷　键	类　　别
13	查看上一条提示信息		提示信息查看快捷键
14	查看下一条提示信息		
15	将程序转换为加工代码		帮助信息查看快捷键
16	查看上一面帮助信息		
17	查看下一面帮助信息		

任务 4-3　零件程序的校验

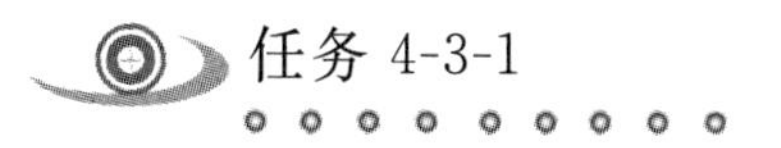

任务 4-3-1

完成如图 4-2 所示轮廓的精加工程序的输入并校验该程序，程序清单见表 4-5。

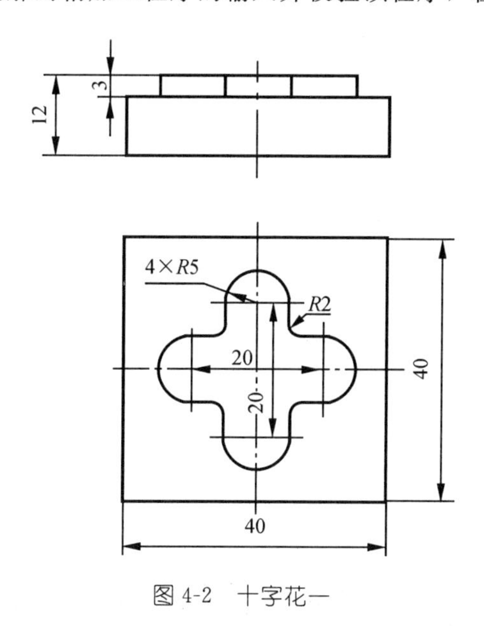

图 4-2　十字花一

任务 4-3-1　工作过程

表 4-5　十字花一的精加工程序

程　　序	说　　明
%4001	程序名
N01 G17 G40	选择 *XOY* 坐标平面，取消刀补
N02 G54 G90 G00 X30 Y0	设定工件坐标系（以中心为原点），绝对编程，快速定位到下刀点
N03 M03 S800	主轴以 800 r/min 正转
N04 G43 H01 Z100	建立刀具长度补偿

续表

程　序	说　明
N05 Z5	接近工件表面
N06 G01 Z—3 F80	选择吃刀深度
N07 G41 D01 X20 Y5 F200	建立刀具左补偿（ϕ4）
N08 G03 X15 Y0 R5	圆弧进刀
N09 G02 X10 Y—5 R5	顺时针圆弧插补到点（10，—5）
N10 G01 X5	直线插补到点（5，—5）
N11 Y—10	直线插补到点（5，—10）
N12 G02 X—5 R5	顺时针圆弧插补到点（—5，—10）
N13 G01 Y—5	直线插补
N14 X—10	直线插补
N15 G02 Y5 R5	顺时针圆弧插补
N16 G01 X—5	直线插补
N17 Y10	直线插补
N18 G02 X5 R5	顺时针圆弧插补
N19 G01 Y5	直线插补
N20 X10	直线插补
N21 G02 X15 Y0 R5	顺时针圆弧插补
N22 G03 X20 Y—5 R5	圆弧退刀
N23 G40 G01 X30 Y0	取消刀具补偿
N24 G00 Z100	远离工件
N25 M05	主轴停转
N26 M30	程序结束

任务 4-3-2

完成如图 4-3 所示轮廓的精加工程序的输入并校验该程序，程序清单见表 4-6。

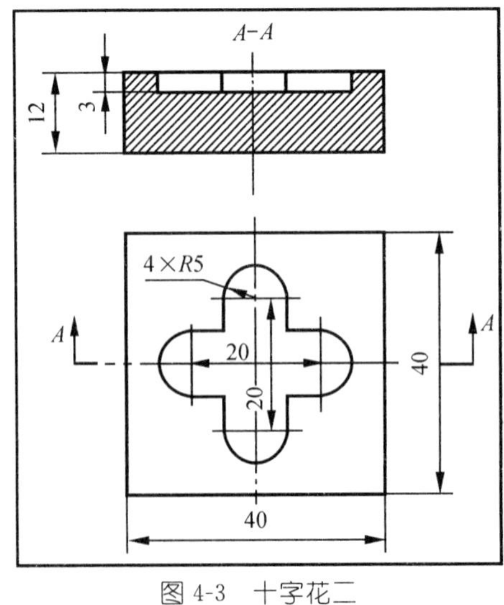

图 4-3　十字花二

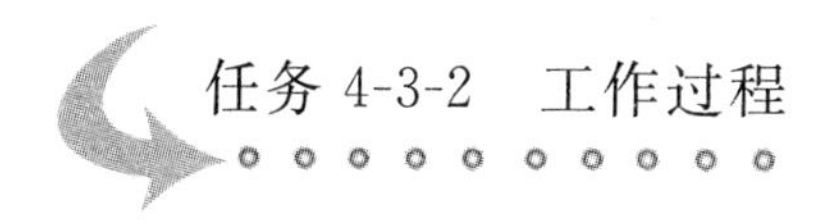

任务 4-3-2　工作过程

表 4-6　十字花二的精加工程序

程　　序	说　　明
%4002	程序名
N01 G17 G40	选择 *XOY* 坐标平面，取消刀补
N02 G54 G90 G00 X0 Y0	设定工件坐标系（以中心为原点），绝对编程，快速定位到下刀点
N03 M03 S1000	主轴以 1 000 r/min 正转
N04 G43 H01 Z100	建立刀具长度补偿
N05 Z5	接近工件表面
N06 G01 Z−3 F80	选择吃刀深度
N07 G41 D01 Y5 F200	建立刀具左补偿（ϕ 4）
N08 G01 X−10	完成轮廓加工
N09 G03 Y−5 R5	
N10 G01 X−5	
N11 Y−10	
N12 G03 X5 R5	
N13 G01 Y−5	
N14 X10	
N15 G03 Y5 R5	
N16 G01 X5	
N17 Y10	
N18 G03 X−5 R5	
N19 G01 Y0	
N20 G40 X0	取消刀具补偿
N21 G00 Z100	远离工件
N22 M05	主轴停转
N23 M30	程序结束

任务 4-3-3

完成如图 4-4 所示轮廓的精加工程序的输入并校验该程序，程序清单见表 4-7。

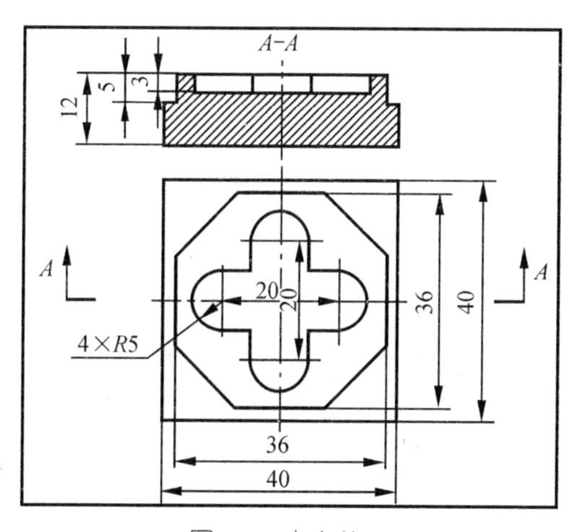

图 4-4　十字花三

任务 4-3-3　工作过程

表 4-7　十字花三的精加工程序

%4013（凸八方台）	%4023（凹十字花）
N01 G17 G40	N01 G17 G40
N02 G54 G90 G00 X30 Y0	N02 G54 G90 G00 X0 Y0
N03 M03 S800	N03 M03 S1000
N04 G43 H01 Z100	N04 G43 H01 Z100
N05 Z5	N05 Z5
N06 G01 Z－5 F80	N06 G01 Z－3 F80
N07 G41 D01 X23 Y5 F200	N07 G41 D01 Y5 F200
N08 G03 X18 Y0 R5	N08 G01 X－10
N09 G01 Y－7.5	N09 G03 Y－5 R5
N10 X7.5 Y－18	N10 G01 X－5
N11 X－7.5	N11 Y－10
N12 X－18 Y－7.5	N12 G03 X5 R5
N13 Y7.5	N13 G01 Y－5
N14 X－7.5 Y18	N14 X10
N15 X7.5	N15 G03 Y5 R5
N16 X18 Y7.5	N16 G01 X5
N17 Y0	N17 Y10
N18 G03 X23 Y－5 R5	N18 G03 X－5 R5
N19 G00 Z100	N19 G01 Y0
N20 N05	N20 G40 X0
N21 M30	N21 G00 Z100
	N22 M05
	N23 M30

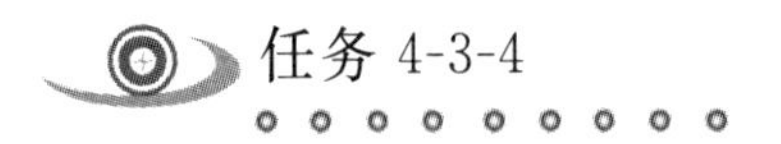

任务 4-3-4

完成如图 4-5 所示轮廓的精加工程序的输入并校验该程序，程序清单见表 4-8。

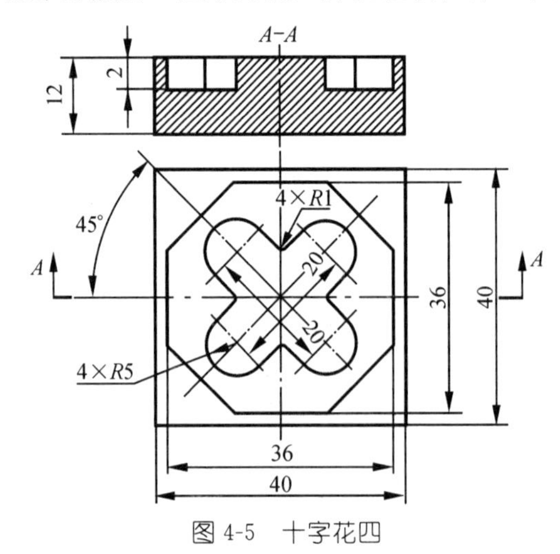

图 4-5　十字花四

任务 4-3-4　工作过程

表 4-8　十字花四的精加工程序

%4014（凹八方台）	%4024（凸十字花）
N01 G17 G40 G69	N01 G17 G40 G69
N02 G54 G90 G00 X13 Y0	N02 G54 G90
N03 M03 S1200	N03 M03 S1200
N04 G43 H01 Z100	N04 G68 X0 Y0 P45
N05 Z5	N05 G00 X17 Y0
N06 G01 Z-5 F80	N06 G43 H01 Z100
N07 G41 D01 X18 F200；（ϕ2 刀具）	N07 Z5
N08 G01 Y-7.5	N08 G01 Z-5 F80
N09 X7.5 Y-18	N09 G41 D01 X15；（ϕ2 刀具）
N10 X-7.5	N10 G02 X10 Y-5 R5
N11 X-18 Y-7.5	N11 G01 X5
N12 Y7.5	N12 Y-10
N13 X-7.5 Y18	N13 G02 X-5 R5
N14 X7.5	N14 G01 Y-5
N15 X18 Y7.5	N15 X-10
N16 Y0	N16 G02 Y5 R5
N17 G40 X13 Y0	N17 G01 X-5
N18 G00 Z100	N18 Y10
N19 M05	N19 G02 X5 R5
N20 M30	N20 G01 Y5
	N21 X10
	N22 G02 X15 Y0 R5
	N23 G40 G01 X17
	N24 G00 Z100 G69
	N25 M05
	N26 M30

任务 4-3-4　思考题

① 任务 4-3-4 中，如果选用 ϕ4 的铣刀，是否可以，为什么？

② 任务 4-3-4 中，程序%4014 和程序%4024 分别用的是顺铣还是逆铣？哪个更适当些？为什么？校验程序时，顺铣和逆铣能够看出区别吗？

项目五　零件的加工与检测

任务 5-1　配合件的加工与检测

任务 5-1-1

按给定的加工工艺及加工程序完成如图 5-1 所示配合件 1 的加工，并检测零件是否合格。已知材料为 45 钢，毛坯尺寸为 160 mm×120 mm×12 mm。

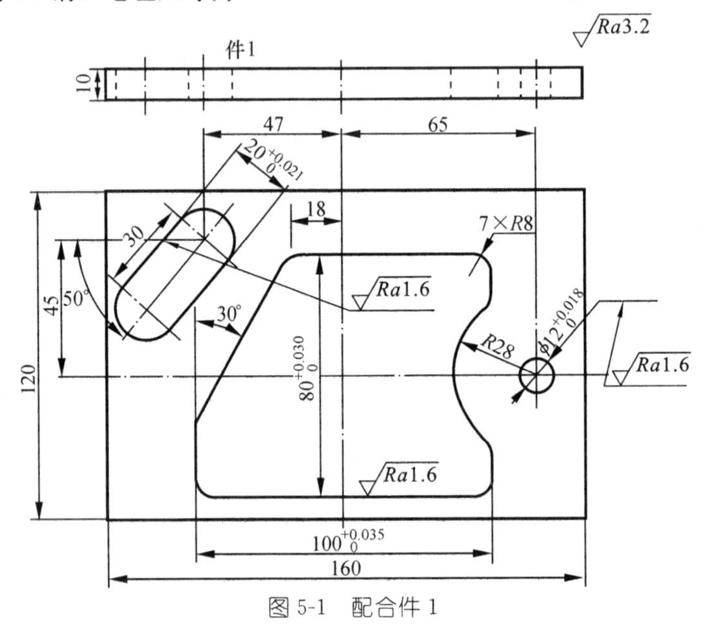

图 5-1　配合件 1

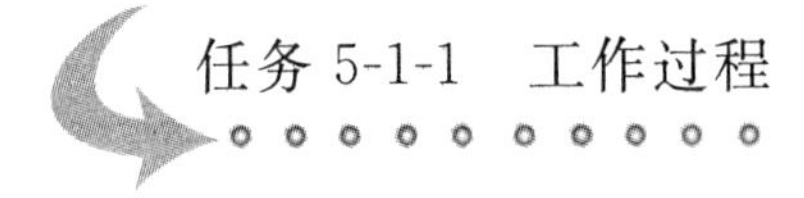

任务 5-1-1　工作过程

1. 分析零件图，确定加工工艺

如图 5-1 所示，根据零件的工艺特点和毛坯尺寸 160 mm×120 mm×12 mm 确定加工方案。操作步骤如下。

(1) 选用机用平口钳装夹，校正平口钳固定钳口，使之与工作台 X 轴移动方向平行。在工件下表面与平口钳之间放入精度较高的平行垫块（垫块厚度与宽度适当），利用木榔或铜棒敲击工件，使平行垫块不能移动后夹紧工件。

(2) 利用寻边器找正工件 X、Y 轴零点，该零点位于工件上表面的中心位置，设置 Z

轴零点与机床原点重合，刀具长度补偿利用 Z 轴定位器设定。配合件 1 上表面为执行刀具长度补偿后的零点表面。

（3）根据图样要求加工配合件 1。按零件图样要求给出配合件 1 的加工工序如下。

① 铣削平面，保证尺寸 10，选用 ϕ 80 mm 可转位铣刀（5 个刀片）。

② 钻两个工艺孔（凹型腔），选用 ϕ 11.8 mm 直柄麻花钻。

③ 粗加工两个凹型腔（落料），选用 ϕ 14 mm 三刃立铣刀。

④ 精加工两个凹型腔，选用 ϕ 12 mm 四刃立铣刀。

⑤ 点孔加工，选用 ϕ 3 mm 中心钻。

⑥ 钻孔加工，选用 ϕ 11.8 mm 直柄麻花钻。

⑦ 铰孔加工，选用 ϕ 12 mm 机用铰刀。

2. 填写刀具卡

填写的刀具卡如表 5-1 所示。

表 5-1　加工配合件 1 的刀具卡

产品名称或代号		任务 5-1-1	零件名称	配合件 1	零件图号	
序号	刀具号	刀具规格		加工部位	刀具补偿	
		名　称	材料		长度	半　径
1	T01	ϕ 80 mm 端铣刀（5 个刀片）	硬质合金	粗、精加工上表面	H1	
2	T02	ϕ 11.8 mm 直柄麻花钻	高速钢	钻两个工艺孔（凹型腔）	H2	
3	T03	ϕ 14 mm 粗齿三刃立铣刀		粗加工两个凹型腔（落料）	H3	D_1/7.2 mm
4	T04	ϕ 12 mm 细齿四刃立铣刀		精加工两个凹型腔	H4	D_2/5.985 mm
5	T05	ϕ 3 mm 中心钻		点孔加工	H5	
6	T06	ϕ 12 mm 机用铰刀		铰孔加工	H6	
编制		审核　　　批准		日期	共 1 页	第 1 页

3. 填写工序卡

填写的工序卡如表 5-2 所示。

表 5-2　加工配合件 1 的工序卡

单位名称		产品名称及代号		零件名称	零件图号
				配合件 1	
工序号	程序编号	夹具名称		使用设备	车　间
	%5001	机用平口钳		ZJK7532A-4 数控铣床	数控车间
工步号	工 步 内 容	刀具号	主轴转速 n/(r/min)	进给速度 v_f/(mm/min)	备　注
1	粗加工上表面	T01	450	300	
2	精加工上表面	T01	800	160	
3	钻两个工艺孔（凹型腔）	T02	550	80	
4	粗加工两个凹型腔（落料）	T03	500	80	
5	精加工两个凹型腔	T04	800	100	
6	点孔加工	T05	1200	120	
7	钻孔加工	T02	550	80	
8	铰孔加工	T06	300	50	
编制	审核	批准	日期		共 1 页　第 1 页

4. 注意事项

（1）平行垫块在工件下方的位置应避开落料位置。

（2）该零件的加工所用的刀具较多，对于同一把刀具仍调用相等的刀具长度与半径补偿值。

（3）一般在坐标系设置中，*Z* 的值设为 0，对刀时，将刀具长度补偿设置在刀具表的长度项中，在程序中通常通过 G43 H_（刀具号）来调用。

5. 参考程序

参考程序如表 5-3 所示。

表 5-3 加工配合件 1 的参考程序（华中数控系统）

%5001		说 明
N1	G54 G90 G17 G21 G94 G49 G40	建立工件坐标系，绝对编程，*XY* 平面，公制编程，分进给，取消刀具长度、半径补偿，（选用 φ80 mm 端铣刀粗加工）
N2	M03 S450	主轴正转，转速 450 r/min
N3	G00 G43 Z150 H1	*Z* 轴快速定位，调用 1 号刀具长度补偿
N4	X125 Y−30	*X*、*Y* 轴快速定位
N5	Z0.3	*Z* 轴进刀，留 0.3 mm 铣削深度余量
N6	G01 X−125 F300	平面铣削，进给速度 300 mm/min
N7	G00 Y30	*Y* 轴快速定位
N8	G01 X125	平面铣削
N9	C00 Z150	*Z* 轴快速退刀
N10	M05	主轴停转
N11	M00	程序暂停（利用厚度千分尺测量厚度，确定精加工余量）
N12	M03 S800	主轴正转，转速 800 r/min（φ80 mm 端铣刀精加工）
N13	G00 X125 Y−30 M07	*X*、*Y* 轴快速定位，切削液开
N14	Z0	*Z* 轴进刀
N15	G01 X−125 F160	平面铣削，进给速度 160 mm/min
N16	G00 Y30	*Y* 轴快速定位
N17	G01 X125	平面铣削
N18	G00 Z150 M09	*Z* 轴快速退刀，切削液关
N19	M05	主轴停转
N20	M00	程序暂停（手动换刀，更换 φ11.8 mm 麻花钻）
N21	M03 S550 F80	主轴正转，转速 550 r/min，进给速度为 80 mm/min
N22	G00 G43 Z150 H2	*Z* 轴快速定位，调用 2 号刀具长度补偿
N23	X0 Y0 M07	*X*、*Y* 轴快速定位，切削液开
N24	G83 G99 X0 Y25 Z−16 Q−5 K2 R2	固定循环指令钻工艺孔
N25	X−55 Y35	固定循环指令钻工艺孔
N26	G00 Z150 M09	*Z* 轴快速退刀，切削液关
N27	M05	主轴停转
N28	M00	程序暂停（手动换刀，更换 φ14 mm 粗齿立铣刀）

续表

%5001		说　　明
N29	M03 S500	主轴正转，转速 500 r/min
N30	G00 G43 Z150 H3	Z 轴快速定位，调用 3 号刀具长度补偿
N31	X0 Y25 M07	X、Y 轴快速定位，切削液开
N32	Z1	Z 轴快速定位
N33	G01 Z−10.5 F40	Z 轴加工进给，进给速度为 40 mm/min
N34	G41 G01 X−13.381 Y40 D1 F80	X、Y 向进给，并引入 1 号刀具半径补偿值，进给速度为 80 mm/min
N35	M98 P1	调用子程序%1
N36	G00 Z5	Z 轴快速定位
N37	X−55 Y35	X、Y 轴快速定位
N38	Z1	Z 轴快速定位
N39	G01 Z−10.5 F40	Z 轴加工进给，进给速度为 40 mm/min
N40	G41 X−73.944 Y28.447 D1 F80	X、Y 向进给，并引入 1 号刀具半径补偿值，进给速度为 80 mm/min
N41	M98 P2	调用子程序%2
N42	G00 Z150 M09	Z 轴快速退刀，切削液关
N43	M05	主轴停转
N44	M00	程序暂停（手动换刀，更换 ϕ12 mm 立铣刀）
N45	M03 S800 F100	主轴正转，转速 800 r/min，进给速度 100 mm/min
N46	G00 G43 Z150 H4	Z 轴快速定位，调用 4 号刀具长度补偿
N47	X0 Y25 M07	X、Y 轴快速定位，切削液开
N48	Z−10.5	Z 轴快速进刀
N49	G01 G41 X−13.381 Y40 D2	X、Y 向进给，并引入 2 号刀具半径补偿值
N50	M98 P1	调用子程序%1
N51	G00 Z5	Z 轴快速退刀
N52	X−55 Y35	X、Y 轴快速定位
N53	Z−10.5	Z 轴快速进刀
N54	G01 G41 X−73.944 Y28.447 D2	X、Y 向进给，并引入 2 号刀具半径补偿值
N55	M98 P2	调用子程序%2
N56	G00 Z150 M00	Z 轴快速退刀，切削液关
N57	M05	主轴停转
N58	M00	程序暂停（更换 ϕ3 mm 中心钻）
N59	M11	主轴选用高速档（500～4000 r/min）
N60	M03 S1200	主轴正转，转速 1200 r/min
N61	G00 G43 Z150 H5	Z 轴快速定位，调用 5 号刀具长度补偿
N62	X0 Y0	X、Y 轴快速定位
N63	G81 G99 X65 Y0 Z−2 R2 F120	固定循环指令点孔加工，进给速度 120 mm/min
N64	G00 Z150	取消固定循环，Z 轴快速定位
N65	M05	主轴停转
N66	M00	程序暂停（更换 ϕ11.8 mm 麻花钻）
N67	M03 S550	主轴正转，转速 550 r/min

续表

%5001		说　　明
N68	G43 G00 Z100 H2	Z 轴快速定位，调用 2 号刀具长度补偿
N69	X0 Y0 M07	X、Y 轴快速定位，切削液开
N70	G83 G99 X65 Y0 Z−15 Q−5 K2 R2 F80	固定循环指令钻孔加工，进给速度 80 mm/min
N71	G00 Z150 M09	取消固定循环，Z 轴快速定位，切削液关
N72	M05	主轴停转
N73	M00	程序暂停（更换 ϕ 12 mm 机用铰刀）
N74	M13	主轴选用低速档（100～800 r/min）
N75	M03 S300	主轴正转，转速 300 r/min
N76	G43 G00 Z100 H6 M07	Z 轴快速定位，调用 6 号刀具长度补偿，切削液开
N77	X0 Y0	X、Y 轴快速定位
N78	G85 G99 X65 Y0 Z−15 R2 F50	固定循环指令铰孔加工，进给速度 50 mm/min
N79	G00 G49 Z−50	取消固定循环，取消刀具长度补偿，Z 轴快速定位
N80	M30	程序结束回到起始位置，机床复位（切削液关，主轴停转）
%1		子程序名%1
N1	G03 X−20.309 Y36 R8	Y 向进给圆弧铣削加工
N2	G01 X−48.928 Y−13.569	X、Y 向同时进给
N3	G03 X−50 Y−17.569 R8	圆弧铣削加工
N4	G01 Y−32	Y 向进给
N5	G03 X−42 Y−40 R8	圆弧铣削加工
N6	G01 X42	X 向进给
N7	G03 X50 Y−32 R8	圆弧铣削加工
N8	G01 Y−27.695	Y 向进给
N9	G03 X47.111 Y−21.540 R8	圆弧铣削加工
N10	G02 Y21.540 R28	圆弧铣削加工
N11	G03 X50 Y27.645 R8	圆弧铣削加工
N12	G01 Y32	Y 向进给
N13	G03 X42 Y40 R8	圆弧铣削加工
N14	G01 X−13.381	X 向进给
N15	G40 X0 Y25	X、Y 向退刀，并取消刀具半径补偿
N16	M99	子程序结束，返回主程序
%2		子程序名%2
N1	G03 X−58.623 Y15.591 R−10	圆弧铣削加工
N2	G01 X−39.34 Y38.572	X、Y 向同时进给
N3	G03 X−54.66 Y51.428 R−10	圆弧铣削加工
N4	G01 X−73.944 Y28.447	X、Y 向同时进给
N5	G40 X−55 Y35	X、Y 向退刀，并取消刀具半径补偿
N6	M99	子程序结束，返回主程序

任务 5-1-2

按给定的加工工艺及加工程序完成如图 5-2 所示配合件 2 的加工（与图 5-1 所示配合件 1 配合），并检测零件是否合格。已知材料为 45 钢，毛坯尺寸为 160 mm×120 mm×30 mm。

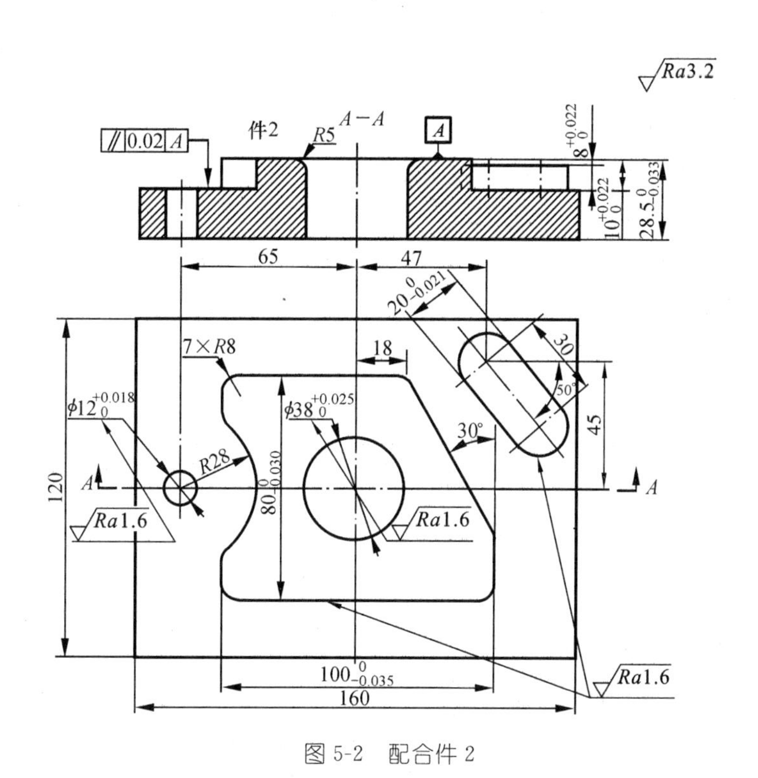

图 5-2　配合件 2

任务 5-1-2　工作过程

1. 分析零件图，确定加工工艺

如图 5-2 所示，根据零件的工艺特点和毛坯尺寸 160 mm×120 mm×30 mm 确定加工方案。操作步骤如下。

（1）用机用平口钳装夹，校正平口钳固定钳口，使之与工作台 X 轴移动方向平行。在工件下表面与平口钳之间放入精度较高的平行垫块（垫块厚度与宽度适当），利用木槌或铜棒敲击工件，使平行垫块不能移动后夹紧工件。

（2）利用寻边器找正工件 X、Y 轴零点，该零点位于工件上表面的中心位置，设置 Z 轴零点与机床原点重合，刀具长度补偿利用 Z 轴定位器设定。配合件 2 上表面为执行刀具长度补偿后的零点表面。

（3）根据图样要求加工配合件 2。按零件图样要求给出配合件 2 的加工工序如下。

① 铣削平面，保证尺寸 28.5 mm，选用 ϕ 80 mm 可转位铣刀（5 个刀片）。

② 粗加工两外轮廓，选用 ϕ16 mm 三刃立铣刀。

③ 铣削边角料，选用 ϕ16 mm 三刃立铣刀。

④ 钻中间位置孔，选用 ϕ11.8 mm 直柄麻花钻。

⑤ 扩中间位置孔，选用 ϕ35 mm 锥柄麻花钻。

⑥ 精加工两外轮廓，选用 ϕ12 mm 四刃立铣刀。

⑦ 加工键形凸台表面，选用 ϕ12 mm 四刃立铣刀。

⑧ 粗镗 ϕ37.5 mm 孔，选用 ϕ37.5 mm 粗镗刀。

⑨ 精镗 ϕ38 mm 孔，选用 ϕ38 mm 精镗刀。

⑩ 点孔加工，选用 ϕ3 mm 中心钻。

⑪ 钻孔加工，选用 ϕ11.8 mm 直柄麻花钻。

⑫ 铰孔加工，选用 ϕ12 mm 机用铰刀。

⑬ 孔口 $R5$ 圆角加工，选用 ϕ14 mm 三刃立铣刀（加工程序见表 5-6 中的灰色部分）。

2. 填写刀具卡

填写的刀具卡如表 5-4 所示。

表 5-4 加工配合件 2 的刀具卡

<table>
<tr><td colspan="2">产品名称或代号</td><td colspan="3">任务 5-1-2</td><td>零件名称</td><td colspan="2">配合件 2</td><td>零件图号</td><td></td></tr>
<tr><td rowspan="2">序号</td><td rowspan="2">刀具号</td><td colspan="4">刀具规格</td><td colspan="2" rowspan="2">加工部位</td><td colspan="2">刀具补偿</td></tr>
<tr><td colspan="3">名称</td><td>材料</td><td>长度</td><td>半径</td></tr>
<tr><td>1</td><td>T01</td><td colspan="3">ϕ80 mm 端铣刀（5 个刀片）</td><td>硬质合金</td><td colspan="2">粗、精加工上表面</td><td>H1</td><td></td></tr>
<tr><td>2</td><td>T02</td><td colspan="3">ϕ16 mm 粗齿三刃立铣刀</td><td rowspan="4">高速钢</td><td colspan="2">粗加工两个外轮廓面，铣削边角料</td><td>H2</td><td>D_1/8.2 mm</td></tr>
<tr><td>3</td><td>T03</td><td colspan="3">ϕ11.8 mm 直柄麻花钻</td><td colspan="2">钻中间位置孔</td><td>H3</td><td></td></tr>
<tr><td>4</td><td>T04</td><td colspan="3">ϕ35 mm 锥柄麻花钻</td><td colspan="2">扩中间位置孔</td><td>H4</td><td></td></tr>
<tr><td>5</td><td>T05</td><td colspan="3">ϕ12 mm 细齿四刃立铣刀</td><td colspan="2">精加工两个外轮廓面，加工键形凸台表面</td><td>H5</td><td>D_2/5.985 mm</td></tr>
<tr><td>6</td><td>T06</td><td colspan="3">ϕ37.5 mm 粗镗刀</td><td rowspan="2">硬质合金</td><td colspan="2">粗镗孔 ϕ37.5 mm</td><td>H6</td><td></td></tr>
<tr><td>7</td><td>T07</td><td colspan="3">ϕ38 mm 精镗刀</td><td colspan="2">精镗孔 ϕ38 mm</td><td>H7</td><td></td></tr>
<tr><td>8</td><td>T08</td><td colspan="3">ϕ3 mm 中心钻</td><td rowspan="3">高速钢</td><td colspan="2">点孔加工</td><td>H8</td><td></td></tr>
<tr><td>9</td><td>T09</td><td colspan="3">ϕ12 mm 机用铰刀</td><td colspan="2">铰孔加工</td><td>H9</td><td></td></tr>
<tr><td>10</td><td>T10</td><td colspan="3">ϕ14 mm 粗齿三刃立铣刀</td><td colspan="2">孔口 $R5$ 圆角</td><td>H10</td><td></td></tr>
<tr><td></td><td></td><td colspan="3"></td><td></td><td colspan="2"></td><td></td><td></td></tr>
<tr><td>编制</td><td></td><td>审核</td><td></td><td>批准</td><td></td><td>日期</td><td></td><td>共 1 页</td><td>第 1 页</td></tr>
</table>

3. 填写工序卡

填写的工序卡如表 5-5 所示。

表 5-5　加工配合件 2 的工序卡

单位名称		产品名称及代号		零件名称		零件图号
				配合件 2		
工序号	程序编号	夹具名称		使用设备		车　间
	%5002	机用平口钳		ZJK7532A-4 数控铣床		数控车间
工步号	工 步 内 容		刀具号	主轴转速 n/(r/min)	进给速度 v_f/(mm/min)	备　注
1	粗加工上表面		T01	450	300	
2	精加工上表面		T01	800	160	
3	粗加工两个外轮廓面		T02	500	120	
4	铣削边角料		T02	500	120	
5	钻中间位置孔		T03	550	80	
6	扩中间位置孔		T04	150	20	
7	精加工两个外轮廓面		T05	800	100	
8	加工键形凸台表面		T07	800	100	
9	粗镗孔 ϕ 37.5 mm		T08	850	80	
10	精镗孔 ϕ 38 mm		T09	1000	40	
11	点孔加工		T10	1200	120	
12	钻孔加工		T11	550	80	
13	铰孔加工		T12	300	50	
14	孔口 R5 圆角加工		T13	800	1000	
编制		审核	批准	日期	共 1 页	第 1 页

4. 注意事项

(1) 平行垫块在工件下方的位置应避开通孔位置。

(2) 配合件 2 加工完成后必须在拆卸之前与配合件 1 进行配合，若间隙偏小，可改变刀具半径补偿值，将轮廓进行再次加工，直至配合情况良好后取下配合件 2。

5. 参考程序

参考程序如表 5-6 所示。

表 5-6　加工配合件 2 的参考程序

%5002		说　明
N1	G55 G90 G17 G21 G94 G49 G40	建立工件坐标系，绝对编程，XY 平面，公制编程，分进给，取消刀具长度、半径补偿（选用 ϕ 80 mm 端铣刀粗加工）
N2	M03 S450	主轴正转，转速 450 r/min
N3	G00 G43 Z150 H1	Z 轴快速定位，调用 1 号刀具长度补偿
N4	X125 Y−30	X、Y 轴快速定位
N5	Z0.3	Z 轴进刀，留 0.3 mm 铣削深度余量
N6	G01 X−125 F300	平面铣削，进给速度 300 mm/min
N7	G00 Y30	Y 轴快速定位

续表

%5002		说　明
N8	G01 X125	平面铣削
N9	G00 Z150	Z 轴快速退刀
N10	M05	主轴停转
N11	M00	程序暂停（利用厚度千分尺测量厚度，确定精加工余量）
N12	M03 S800	主轴正转，转速 800 r/min（ϕ 80 mm 端铣刀精加工）
N13	G00 X125 Y－30 M08	X、Y 轴快速定位，切削液开
N14	Z0	Z 轴进刀
N15	G01 X－125 F160	平面铣削，进给速度 160 mm/min
N16	G00 Y30	Y 轴快速定位
N17	G01 X125	平面铣削
N18	G00 Z150 M09	Z 轴快速退刀，切削液关
N19	M05	主轴停转
N20	M00	程序暂停（手动换刀，更换 ϕ 16 mm 粗齿立铣刀）
N21	M03 S500 F120	主轴正转，转速 500 r/mm，进给速度 120 mm/min
N22	G00 G43 Z150 H2	Z 轴快速定位，调用 2 号刀具长度补偿
N23	X92 Y0 M08	X、Y 轴快速定位，切削液开
N24	Z－10	Z 轴快速进刀
N25	G41 G01 X50 Y－14 D1	X、Y 向进给，并引入 1 号刀具半径补偿值
N26	M98 P1	调用子程序%3
N27	G41 G01 X58.623 Y15.591 D1	X、Y 向进给，并引入 3 号刀具半径补偿值
N28	M98 P2	调用子程序%4
N29	G01 X73	X 向进给
N30	Y－60	Y 向进给
N31	X65 Y－46	X、Y 向同时进给
N32	Y－53	Y 向进给
N33	X－81	X 向进给
N34	X－65 Y－46	X、Y 向同时进给
N35	X－73	X 向进给
N36	Y0	Y 向进给
N37	X－63 Y－10	X、Y 向同时进给
N38	Y10	Y 向进给
N39	X－73 Y6	X、Y 向进给
N40	Y60	Y 向进给
N41	X－65 Y46	X、Y 向同时进给
N42	Y53	Y 向进给
N43	X25	X 向进给
N44	Y70	Y 向进给
N45	G00 X75	X 向快速定位
N46	G01 Y50	Y 向进给
N47	G00 Z150 M09	Z 轴快速退刀，切削液关

续表

%5002		说　明
N48	M05	主轴停转
N49	M00	程序暂停（更换 ϕ11.8 mm 麻花钻）
N50	M03 S550 F80	主轴正转，转速 550 r/min，进给速度 80 mm/min
N51	G00 G43 Z150 H3	Z 轴快速定位，调用 3 号刀具长度补偿
N52	X0 Y0 M08	X、Y 轴快速定位，切削液开
N53	G83 G99 X0 Y0 Z−35 Q−5 K1 R2	固定循环指令钻削加工中心位置孔
N54	G00 Z150 M09	取消固定循环，Z 轴快速定位，切削液关
N55	M05	主轴停转
N56	M00	程序暂停（更换 ϕ35 mm 麻花钻）
N57	M03 S150 F20	主轴正转，转速 150 r/min，进给速度 20 mm/min
N58	G00 G43 Z150 H4	Z 轴快速定位，调用 4 号刀具长度补偿
N59	X0 Y0 M08	X、Y 轴快速定位，切削液开
N60	G83 G99 X0 Y0 Z−40 Q−5 K1 R2	固定循环指令扩孔加工中心位置孔
N61	G00 Z150 M09	取消固定循环，Z 轴快速定位，切削液关
N62	M05	主轴停转
N63	M00	程序暂停（更换 ϕ12 mm 立铣刀）
N64	M03 S800 F100	主轴正转，转速 800 r/min，进给速度 100 mm/min
N65	G00 G43 Z150 H5	Z 轴快速定位，调用 5 号刀具长度补偿
N66	X92 Y0 M08	X、Y 轴快速定位，切削液开
N67	Z−10	Z 轴快速进刀
N68	G41 G01 X50 Y−14 D2	X、Y 向进给，并引入 2 号刀具半径补偿值
N69	M98 P1	调用子程序%3
N70	G41 G01 X58.623 Y15.591 D2	X、Y 向进给，并引入 2 号刀具半径补偿值
N71	M98 P2	调用子程序%4
N72	G00 Z5	Z 轴快速退刀
N73	X32 Y55.098	X、Y 轴快速定位
N74	Z−2	Z 轴快速进刀
N75	G01 X68.881 Y11.144	X、Y 向同时进给
N76	X76.542 Y17.572	X、Y 向同时进给
N77	X40.941 Y50	X、Y 向同时进给
N78	G00 Z150 M09	Z 轴快速定位，切削液关
N79	M05	主轴停转
N80	M00	程序暂停（手动换刀，更换 ϕ37.5 mm 粗镗刀）
N81	M11	主轴选用高速档（500～4000 r/min）
N82	M03 S850	主轴正转，转速 850 r/min
N83	G43 G00 Z100 H6 M08	Z 轴快速定位，调用 6 号刀具长度补偿，切削液开
N84	X0 Y0	X 轴快速定位
N85	G85 G99 X0 Y0 Z−30 R2 F80	粗镗中间位置孔，进给速度 800 mm/min
N86	G00 Z100 M09	取消固定循环，Z 轴快速定位，切削液关
N87	M05	主轴停转
N88	M00	程序暂停（手动换刀，更换 ϕ38 mm 精镗刀）

续表

%5002		说　　明
N89	M03 S1000	主轴正转，转速 1 000 r/min
N90	N90 G43 G00 Z100 H7 M08	Z 轴快速定位，调用 7 号刀具长度补偿，切削液开
N91	X0 Y0	X、Y 轴快速定位
N92	G85 G99 X0 Y0 Z−30 R2 F40	精镗中间位置孔，进给速度 40 mm/min
N93	G00 Z100 M09	取消固定循环，Z 轴快速定位，切削液关
N94	M05	主轴停转
N95	M00	程序暂停（更换 ϕ 3 mm 中心钻）
N96	M03 S1200	主轴正转，转速 1 200 r/min
N97	G00 G43 Z150 H8	Z 轴快速定位，调用 8 号刀具长度补偿
N98	X0 Y0	X、Y 轴快速定位
N99	G81 G99 X−65 Y0 Z−12 R2 F120	固定循环指令点孔加工，进给速度 120 mm/min
N100	G00 Z150	取消固定循环，Z 轴快速定位
N101	M05	主轴停转
N102	M00	程序暂停（更换 ϕ 11.8 mm 麻花钻）
N103	M03 S550	主轴正转，转速 550 r/min
N104	G43 G00 Z100 H3	Z 轴快速定位，调用 3 号刀具长度补偿
N105	X0 Y0 M08	X、Y 轴快速定位，切削液开
N106	G83 G99 X−65 Y0 Z−35 Q−5 K1 R5 F80	固定循环指令钻孔加工，进给速度 80 mm/min
N107	G00 Z150 M09	取消固定循环，Z 轴快速定位，切削液关
N108	M05	主轴停转
N109	M00	程序暂停（更换 ϕ 12 mm 机用铰刀）
N110	M13	主轴选用低速档（100～800 r/min）
N111	M03 S300	主轴正转，转速 300 r/min
N112	G43 G00 Z100 H9 M08	Z 轴快速定位，调用 9 号刀具长度补偿，切削液开
N113	X0 Y0	X、Y 轴快速定位
N114	G85 G99 X−65 Y0 Z−35 R5 F50	固定循环指令铰孔加工，进给速度 50 mm/min
N115	G00 Z150 M09	取消固定循环，Z 轴快速定位，切削液关
N116	M05	主轴停转
N117	M00	程序暂停（手动换刀，更换 ϕ 14 mm 立铣刀）
N118	M03 S800	主轴正转，转速 800 r/min
N119	G43 G00 Z100 H10	Z 轴快速定位，调用 10 号刀具长度补偿
N120	X0 Y0 M08	X、Y 轴快速定位，切削液开
N121	Z0	Z 轴快速进刀
N122	G01 X17 F60	X 轴进给，进给速度 60 mm/min
N123	#1=0	定义 Z 轴起始深度
N124	#2=−7	定义 Z 轴最终深度
N125	WHILE #1 GE #2	判断 Z 轴进给是否到达终点
N126	#3=7+#1	Z 方向数值计算
N127	#4=SQRT[7*7−#3*#3]	X 方向数值计算
N128	#5=17−#4	X 方向数值计算

续表

%5002		说　明
N129	G01 X[#5] Y0 Z[#1] F1000	进给至圆弧面的 X、Y、Z 起始位置，进给速度 1 000 mm/min
N130	G02 I[-#5] J0	整圆铣削加工
N131	#1=#1-0.05	圆弧深度的每次增加量
N132	ENDW	条件不满足时，反向执行
N133	G00 G49 Z-50	取消固定循环，取消刀具长度补偿，Z 轴快速定位
N134	M30	程序结束回到起始位置，机床复位（切削液关，主轴停转）
%3		子程序名%1
N1	G01 Y-32	Y 向进给
N2	G02 X42 Y-40 R8	圆弧铣削加工
N3	G01 X-42	X 向进给
N4	G02 X-50 Y-32 R8	圆弧铣削加工
N5	G01 Y-27.695	Y 向进给
N6	G02 X-47.111 Y-21.540 R8	圆弧铣削加工
N7	G03 Y21.540 R28	圆弧铣削加工
N8	G02 X-50 Y27.695 R8	圆弧铣削加工
N9	G01 Y32	Y 向进给
N10	G02 X-42 Y40 R8	圆弧铣削加工
N11	G01 X13.381	X 向进给
N12	G02 X20.309 Y36 R8	圆弧铣削加工
N13	G01 X48.928 Y-13.569	X、Y 向同时进给
N14	G02 X50 Y-17.569 R8	圆弧铣削加工
N15	G40 G01 X60 Y0	X、Y 向退刀，并取消刀具半径补偿
N16	M99	子程序结束，返回主程序
%4		子程序名%2
N1	G01 X39.34 Y38.572	X、Y 向同时进给
N2	G02 X54.66 Y51.428 R-10	圆弧铣削加工
N3	G01 X73.944 Y28.447	X、Y 向同时进给
N4	G02 X58.623 Y15.591 R-10	圆弧铣削加工
N5	G40 G01 X55 Y0	X、Y 向退刀，并取消刀具半径补偿
N6	M99	子程序结束，返回主程序

注：灰色区域是宏程序倒圆角加工编程，为选学内容。

任务 5-2　零件的加工与检测

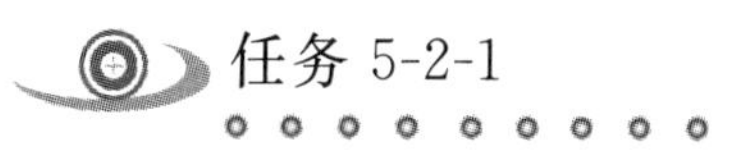

任务 5-2-1

按给定的加工工艺及加工程序完成如图 5-3 所示零件的加工，并检测零件是否合格。已知材料为 45 钢，毛坯尺寸为 100 mm×150 mm×25 mm。

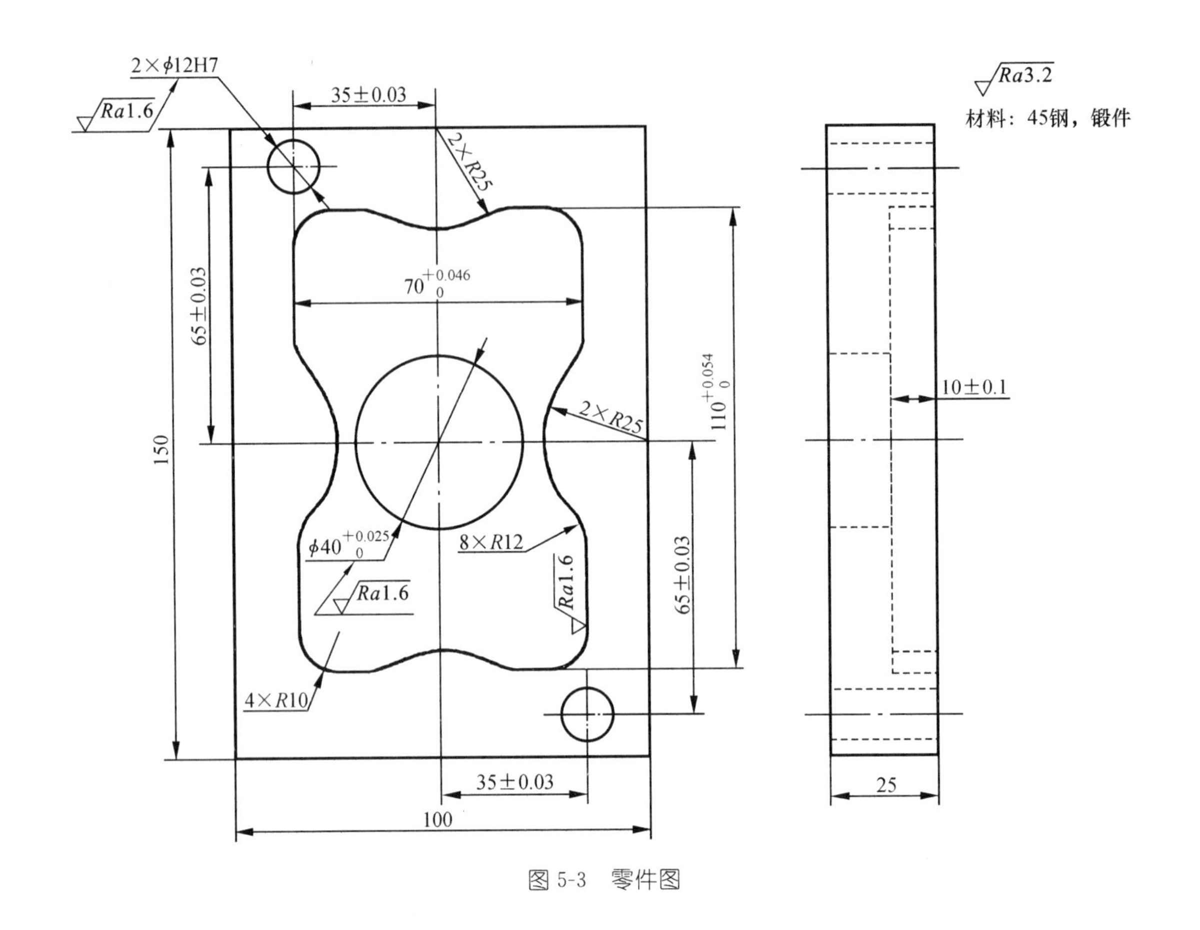

图 5-3　零件图

任务 5-2-1　工作过程

1. 分析零件图，确定加工工艺

具体操作步骤：

2. 填写刀具卡

填写表 5-7 所示数控加工刀具卡。

表 5-7　数控加工刀具卡

产品名称或代号			零件名称		零件图号	
序号	刀具号	刀具规格		加工部位	刀具补偿	
		名　称	材料		长度	半径
编制		审核　　　批准		日期	共 1 页	第 1 页

3. 填写工序卡

填写表 5-8 所示数控加工工序卡。

表 5-8　数控加工工序卡

单位名称		产品名称及代号	零件名称		零件图号
工序号	程序编号	夹具名称	使用设备		车　间
工步号	工 步 内 容	刀具号	主轴转速 $n/(\mathrm{r/min})$	进给速度 $v_f/(\mathrm{mm/min})$	备　注
编制	审核	批准	日期		共 1 页　第 1 页

4. 编写加工程序

编写加工程序并填在表 5-9 中。

表 5-9　加工程序

程　　序	说　　明

续表

程　序	说　明

续表

程　序	说　明

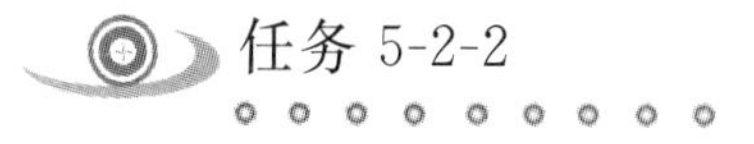

任务 5-2-2

按给定的加工工艺及加工程序完成如图 5-4 所示零件的加工，并检测零件是否合格。已知材料为 45 钢，毛坯尺寸为 160 mm×120 mm×40 mm。

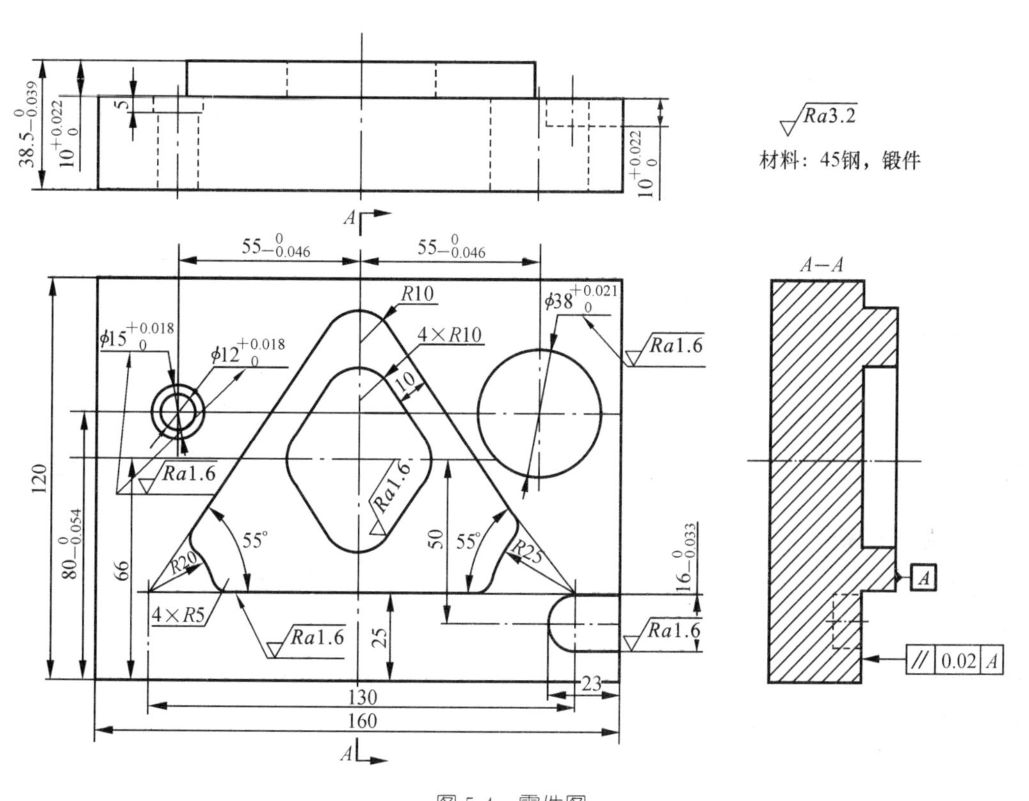

图 5-4　零件图

任务 5-2-2　工作过程

1. 分析零件图，确定加工工艺

具体操作步骤：

2. 填写刀具卡

填写表 5-10 所示数控加工刀具卡。

表 5-10　数控加工刀具卡

<table>
<tr><td colspan="2">产品名称或代号</td><td colspan="3"></td><td>零件名称</td><td colspan="2"></td><td>零件图号</td><td></td></tr>
<tr><td rowspan="2">序号</td><td rowspan="2">刀具号</td><td colspan="4">刀具规格</td><td rowspan="2" colspan="2">加工部位</td><td colspan="2">刀具补偿</td></tr>
<tr><td colspan="3">名　　称</td><td>材料</td><td>长度</td><td>半径</td></tr>
<tr><td></td><td></td><td colspan="3"></td><td></td><td colspan="2"></td><td></td><td></td></tr>
<tr><td></td><td></td><td colspan="3"></td><td></td><td colspan="2"></td><td></td><td></td></tr>
<tr><td></td><td></td><td colspan="3"></td><td></td><td colspan="2"></td><td></td><td></td></tr>
<tr><td></td><td></td><td colspan="3"></td><td></td><td colspan="2"></td><td></td><td></td></tr>
<tr><td></td><td></td><td colspan="3"></td><td></td><td colspan="2"></td><td></td><td></td></tr>
<tr><td></td><td></td><td colspan="3"></td><td></td><td colspan="2"></td><td></td><td></td></tr>
<tr><td></td><td></td><td colspan="3"></td><td></td><td colspan="2"></td><td></td><td></td></tr>
<tr><td></td><td></td><td colspan="3"></td><td></td><td colspan="2"></td><td></td><td></td></tr>
<tr><td></td><td></td><td colspan="3"></td><td></td><td colspan="2"></td><td></td><td></td></tr>
<tr><td></td><td></td><td colspan="3"></td><td></td><td colspan="2"></td><td></td><td></td></tr>
<tr><td>编制</td><td></td><td>审核</td><td></td><td>批准</td><td></td><td>日期</td><td></td><td>共 1 页</td><td>第 1 页</td></tr>
</table>

3. 填写工序卡

填写表 5-11 所示数控加工工序卡。

表 5-11　数控加工工序卡

<table>
<tr><td rowspan="2">单位名称</td><td rowspan="2" colspan="2"></td><td colspan="3">产品名称及代号</td><td colspan="3">零件名称</td><td colspan="2">零件图号</td></tr>
<tr><td colspan="3"></td><td colspan="3"></td><td colspan="2"></td></tr>
<tr><td>工序号</td><td colspan="2">程序编号</td><td colspan="3">夹具名称</td><td colspan="3">使用设备</td><td colspan="2">车　间</td></tr>
<tr><td></td><td colspan="2"></td><td colspan="3"></td><td colspan="3"></td><td colspan="2"></td></tr>
<tr><td>工步号</td><td colspan="4">工 步 内 容</td><td>刀具号</td><td colspan="2">主轴转速
n/(r/min)</td><td>进给速度
v_f/(mm/min)</td><td colspan="2">备　　注</td></tr>
<tr><td></td><td colspan="4"></td><td></td><td colspan="2"></td><td></td><td colspan="2"></td></tr>
<tr><td></td><td colspan="4"></td><td></td><td colspan="2"></td><td></td><td colspan="2"></td></tr>
<tr><td></td><td colspan="4"></td><td></td><td colspan="2"></td><td></td><td colspan="2"></td></tr>
<tr><td></td><td colspan="4"></td><td></td><td colspan="2"></td><td></td><td colspan="2"></td></tr>
<tr><td></td><td colspan="4"></td><td></td><td colspan="2"></td><td></td><td colspan="2"></td></tr>
<tr><td></td><td colspan="4"></td><td></td><td colspan="2"></td><td></td><td colspan="2"></td></tr>
<tr><td></td><td colspan="4"></td><td></td><td colspan="2"></td><td></td><td colspan="2"></td></tr>
<tr><td></td><td colspan="4"></td><td></td><td colspan="2"></td><td></td><td colspan="2"></td></tr>
<tr><td></td><td colspan="4"></td><td></td><td colspan="2"></td><td></td><td colspan="2"></td></tr>
<tr><td></td><td colspan="4"></td><td></td><td colspan="2"></td><td></td><td colspan="2"></td></tr>
<tr><td></td><td colspan="4"></td><td></td><td colspan="2"></td><td></td><td colspan="2"></td></tr>
<tr><td></td><td colspan="4"></td><td></td><td colspan="2"></td><td></td><td colspan="2"></td></tr>
<tr><td></td><td colspan="4"></td><td></td><td colspan="2"></td><td></td><td colspan="2"></td></tr>
<tr><td>编制</td><td></td><td colspan="2">审核</td><td></td><td>批准</td><td></td><td>日期</td><td></td><td>共 1 页</td><td>第 1 页</td></tr>
</table>

4. 编写加工程序

编写加工程序并填在表5-12中。

表5-12 加工程序

程　　序	说　　明

续表

程　　序	说　　明

续表

程　　序	说　　明

任务 5-2-3

按给定的加工工艺及加工程序完成如图 5-5 所示零件的加工，并检测零件是否合格。已知材料为 45 钢，毛坯尺寸为 140 mm×140 mm×30 mm。

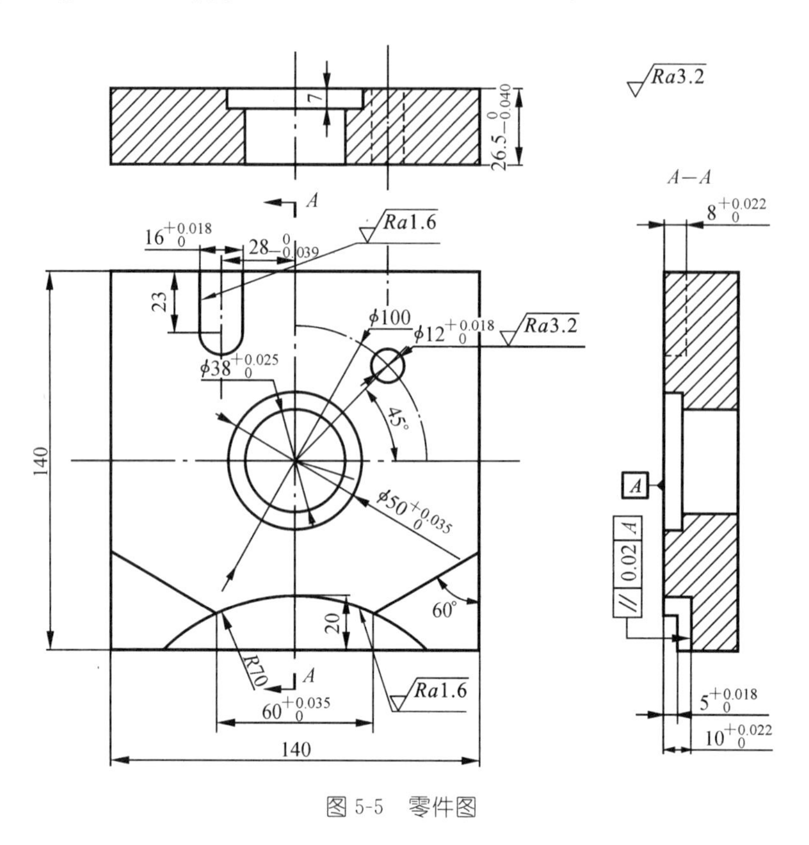

图 5-5　零件图

任务 5-2-3　工作过程

1. 分析零件图，确定加工工艺

具体操作步骤：

2. 填写刀具卡

填写表 5-13 所示数控加工刀具卡。

表 5-13　数控加工刀具卡

产品名称或代号			零件名称		零件图号	
序号	刀具号	刀具规格		加工部位	刀具补偿	
		名　称	材料		长度	半径
编制		审核	批准	日期	共 1 页	第 1 页

3. 填写工序卡

填写表 5-14 所示数控加工工序卡。

表 5-14　数控加工工序卡

单位名称		产品名称及代号		零件名称		零件图号
工序号	程序编号	夹具名称		使用设备		车　间
工步号	工 步 内 容		刀具号	主轴转速 $n/(\mathrm{r/min})$	进给速度 $v_f/(\mathrm{mm/min})$	备　注
编制	审核		批准	日期	共 1 页	第 1 页

4. 编写加工程序

编写加工程序并填在表 5-15 中。

表 5-15　加工程序

程　　序	说　　明

续表

程　　序	说　　明

续表

程　　序	说　　明

附录　中级工应会试题库

试　题　1

试题1零件图及评分标准。

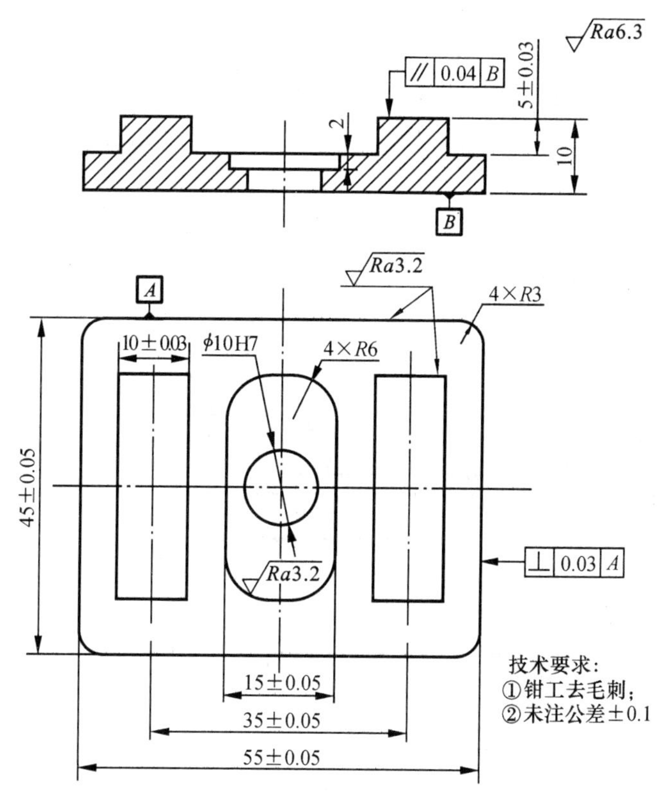

试题1零件图

试题1评分标准

检测项目		技术要求	配分	评分标准	检测结果	得分
外形	1	55±0.05	5	超差0.01扣1分		
	2	45±0.05	5	超差0.01扣1分		
	3	R_a3.2	5	超差0.01扣1分		
	4	R3	5	降一级扣1分		

续表

检测项目		技 术 要 求	配分	评 分 标 准	检测结果	得 分
凸台	5	30±0.03	5	超差 0.01 扣 1 分		
	6	10±0.03	5	超差 0.01 扣 1 分		
	7	5±0.03	5	超差 0.01 扣 1 分		
	8	$R_a3.2$	5	降一级扣 1 分		
槽	9	15±0.03	5	超差 0.01 扣 1 分		
	10	$R6$	5	超差 0.01 扣 1 分		
	11	$R_a3.2$	5	降一级扣 1 分		
孔	12	ϕ 10H7	5	超差 0.01 扣 1 分		
平行度	13	0.04	5	超差 0.01 扣 1 分		
垂直度	14	0.03	5	超差 0.01 扣 1 分		
其他项	15	零件编程	15			
	16	安全操作规程	15	违反一次扣 5 分		
总 配 分			100	总 得 分		
加工开始时间：		停工时间：	加工时间：	规格：60×50×12	日期：	
加工结束时间：		停工原因：	实际时间：	鉴定单位：		

试 题 2

试题 2 零件图及评分标准。

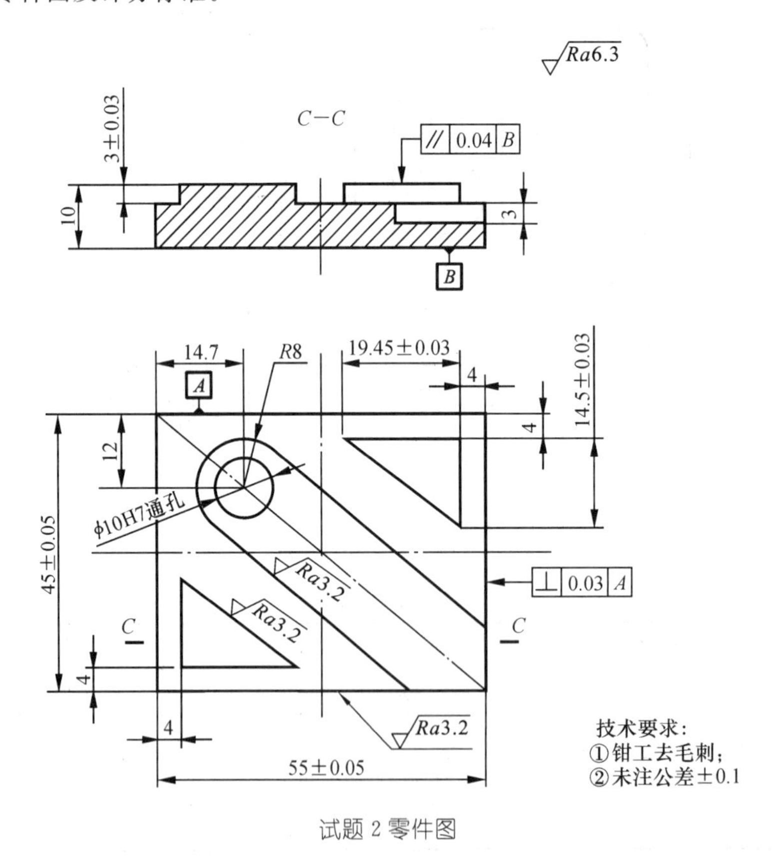

试题 2 零件图

试题 2 评分标准

检测项目		技术要求	配分	评分标准	检测结果	得分
外形	1	55±0.05	5	超差 0.01 扣 1 分		
	2	45±0.05	5	超差 0.01 扣 1 分		
	3	$R_a3.2$	5	超差 0.01 扣 1 分		
凸台	4	19.45±0.03（2 处）	10	超差 0.01 扣 1 分		
	5	14.5±0.03（2 处）	5	超差 0.01 扣 1 分		
	6	3±0.03	5	超差 0.01 扣 1 分		
	7	$R_a3.2$	5	降一级扣 1 分		
槽	8	16	5	超差 0.01 扣 1 分		
	9	R8	5	超差 0.01 扣 1 分		
	10	$R_a3.2$	5	降一级扣 1 分		
孔	11	ϕ10H7	5	超差 0.01 扣 1 分		
平行度	12	0.04	5	超差 0.01 扣 1 分		
垂直度	13	0.03	5	超差 0.01 扣 1 分		
其他项	14	零件编程	15			
	15	安全操作规程	15	违反一次扣 5 分		
总配分			100	总得分		

加工开始时间：	停工时间：	加工时间：	规格：60×50×12	日期：
加工结束时间：	停工原因：	实际时间：	鉴定单位：	

试　题　3

试题 3 零件图及评分标准。

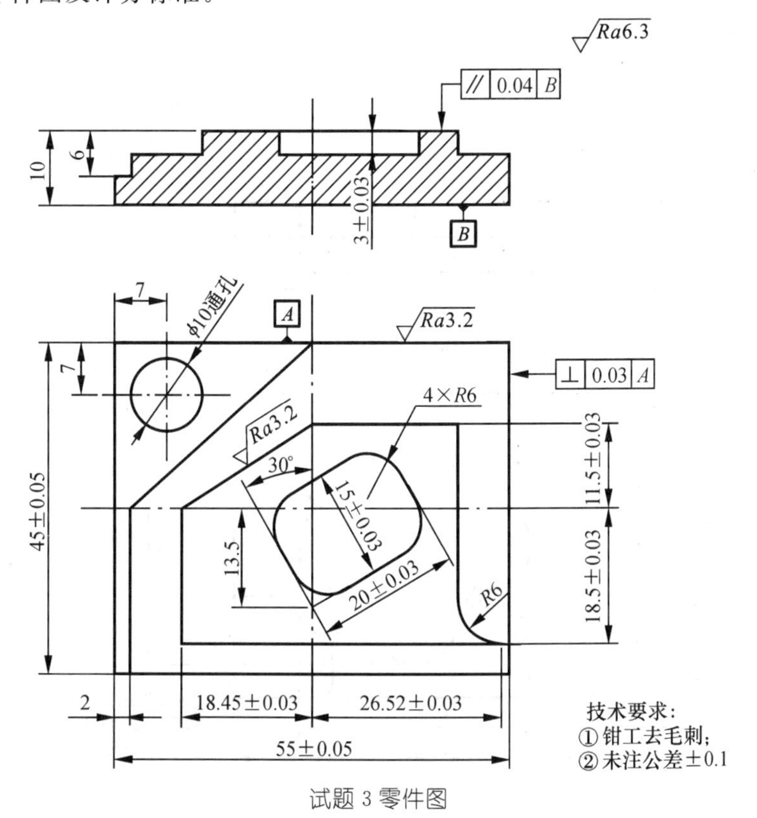

试题 3 零件图

试题 3 评分标准

检测项目		技术要求	配分	评分标准	检测结果	得分
外形	1	55±0.05	5	超差 0.01 扣 1 分		
	2	45±0.05	5	超差 0.01 扣 1 分		
	3	$R_a3.2$	3	超差 0.01 扣 1 分		
凸台	4	18.45±0.03	5	超差 0.01 扣 1 分		
	5	26.52±0.03	5	超差 0.01 扣 1 分		
	6	11.5±0.03	5	超差 0.01 扣 1 分		
	7	18.5±0.03	5	超差 0.01 扣 1 分		
	8	$R_a3.2$	3	降一级扣 1 分		
槽	9	20±0.03	5	超差 0.01 扣 1 分		
	10	15±0.03	5	超差 0.01 扣 1 分		
	11	3±0.03	5	超差 0.01 扣 1 分		
	12	$R6$	4	超差 0.1 扣 1 分		
孔	13	ϕ10	5	超差 0.1 扣 1 分		
平行度	14	0.04	5	超差 0.01 扣 1 分		
垂直度	15	0.03	5	超差 0.01 扣 1 分		
其他项	16	零件编程	15			
	17	安全操作规程	15	违反一次扣 5 分		
总配分			100	总得分		
加工开始时间：		停工时间：	加工时间：	规格：60×50×12	日期：	
加工结束时间：		停工原因：	实际时间：	鉴定单位：		

试题 4

试题 4 零件图及评分标准。

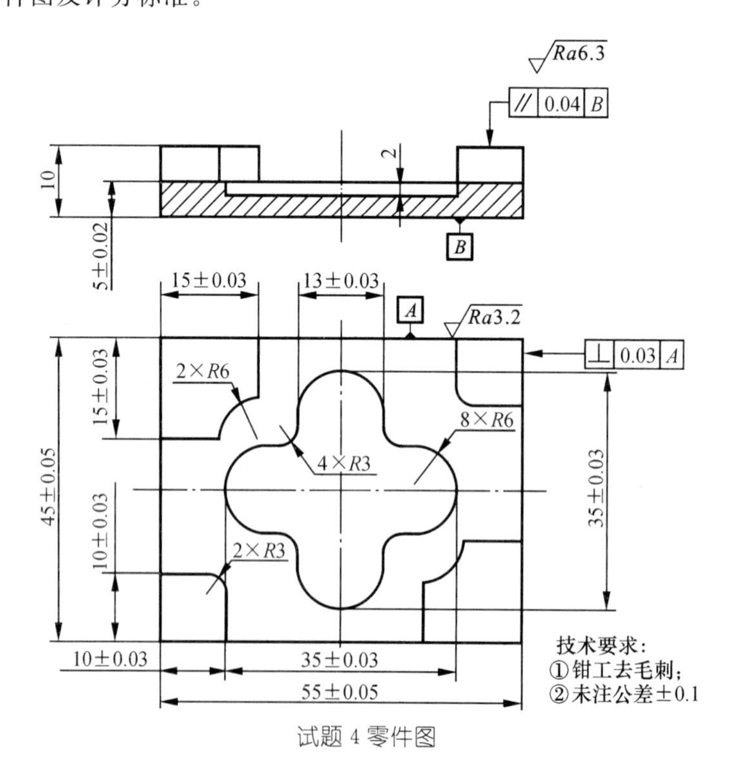

试题 4 零件图

试题 4 评分标准

检测项目		技术要求	配分	评分标准	检测结果	得分
外形	1	55±0.05	5	超差 0.01 扣 1 分		
	2	45±0.05	5	超差 0.01 扣 1 分		
	3	R_a3.2	5	降一级扣 1 分		
凸台	4	10±0.03（2 处）	5	超差 0.01 扣 1 分		
	5	15±0.03（2 处）	5	超差 0.01 扣 1 分		
	6	5±0.02	5	超差 0.01 扣 1 分		
	7	R6	5	超差 0.1 扣 1 分		
	8	R3	5	超差 0.1 扣 1 分		
槽	9	35±0.03	5	超差 0.01 扣 1 分		
	10	13±0.03	5	超差 0.01 扣 1 分		
	11	R3	5	超差 0.1 扣 1 分		
	12	R6	5	超差 0.1 扣 1 分		
平行度	13	0.04	5	超差 0.01 扣 1 分		
垂直度	14	0.03	5	超差 0.01 扣 1 分		
其他项	15	零件编程	15			
	16	安全操作规程	15	违反一次扣 5 分		
总配分			100	总得分		

加工开始时间：	停工时间：	加工时间：	规格：60×50×12	日期：
加工结束时间：	停工原因：	实际时间：	鉴定单位：	

试　题　5

试题 5 零件图及评分标准。

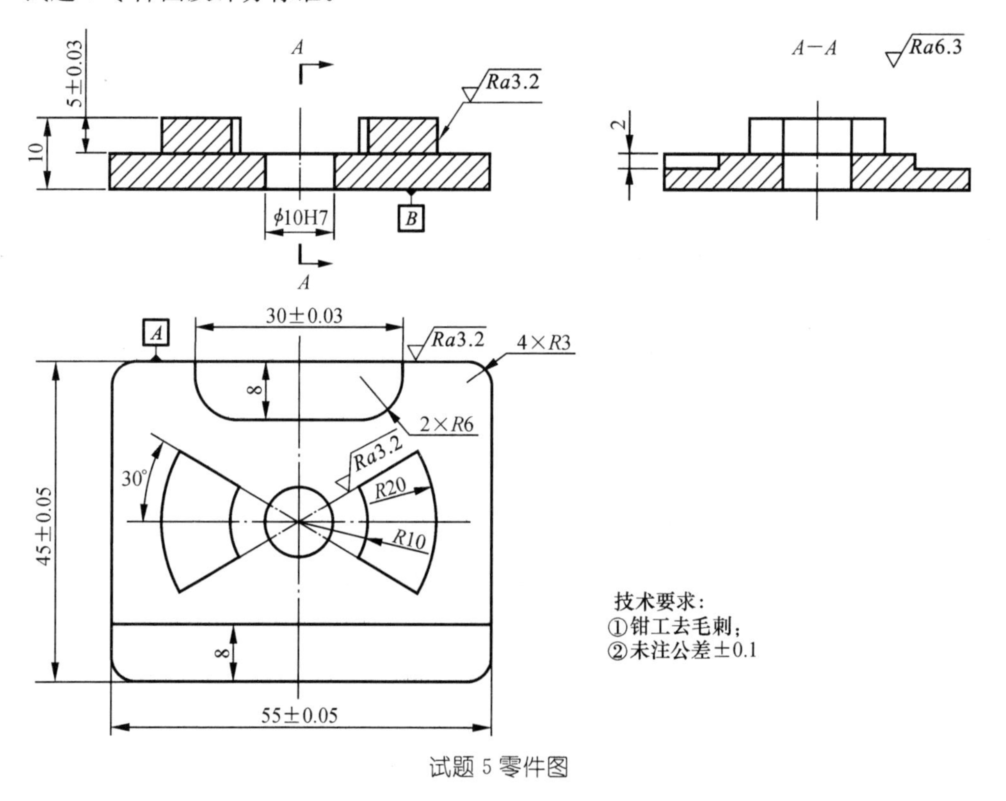

试题 5 零件图

试题 5 评分标准

检测项目		技术要求	配分	评分标准	检测结果	得分
外形	1	55±0.05	5	超差 0.01 扣 1 分		
	2	45±0.05	5	超差 0.01 扣 1 分		
	3	$R_a3.2$	5	降一级扣 1 分		
	4	$R3$	5	超差 0.1 扣 1 分		
凸台	5	$R10$（2 处）	10	超差 0.1 扣 1 分		
	6	$R20$（2 处）	10	超差 0.1 扣 1 分		
	7	5±0.03	5	超差 0.01 扣 1 分		
	8	$R_a3.2$	5	降一级扣 1 分		
槽	9	30±0.03	5	超差 0.01 扣 1 分		
	10	$R6$	5	超差 0.1 扣 1 分		
平行度	11	0.04	5	超差 0.01 扣 1 分		
垂直度	12	0.03	5	超差 0.01 扣 1 分		
其他项	13	零件编程	15			
	14	安全操作规程	15	违反一次扣 5 分		
总配分			100	总得分		
加工开始时间：		停工时间：	加工时间：	规格：60×50×12	日期：	
加工结束时间：		停工原因：	实际时间：	鉴定单位：		

试 题 6

试题 6 零件图及评分标准。

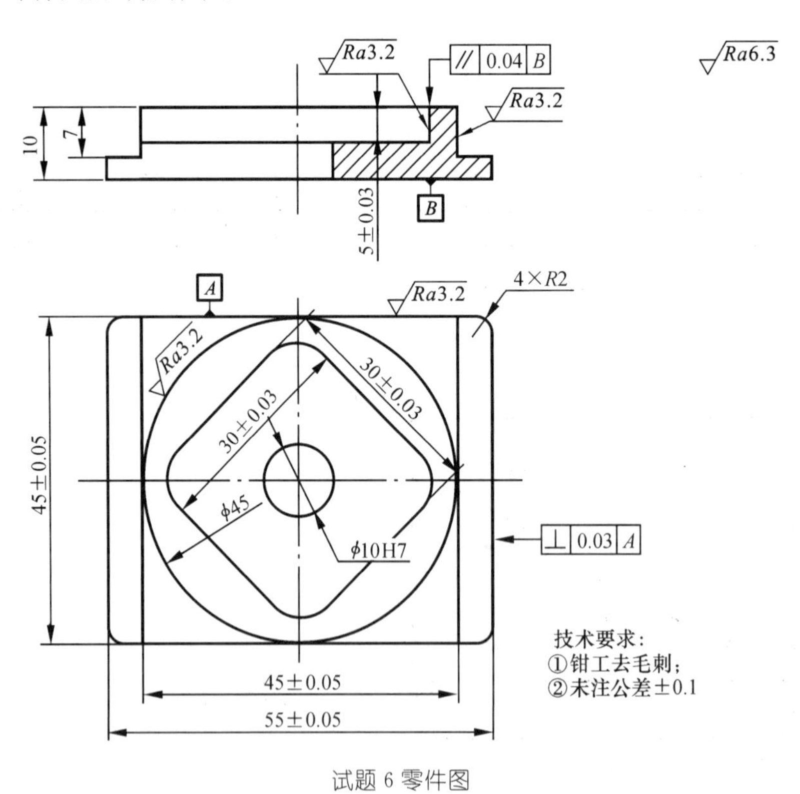

试题 6 零件图

试题 6 评分标准

检测项目		技术要求	配分	评分标准	检测结果	得分
外形	1	55±0.05	5	超差 0.01 扣 1 分		
	2	45±0.05	5	超差 0.01 扣 1 分		
	3	R_a3.2	5	降一级扣 1 分		
	4	$R2$	5	超差 0.1 扣 1 分		
凸台	5	ϕ45	3	超差 0.1 扣 1 分		
	6	45±0.05	5	超差 0.01 扣 1 分		
	7	5±0.03	5	超差 0.01 扣 1 分		
	8	R_a3.2	5	降一级扣 1 分		
槽	9	30±0.03（2 处）	5	超差 0.01 扣 1 分		
	10	5±0.03	5	超差 0.01 扣 1 分		
	11	$R6$	2	超差 0.1 扣 1 分		
	12	R_a3.2	5	降一级扣 1 分		
孔	13	ϕ10H7	5	超差 0.1 扣 1 分		
平行度	14	0.04	5	超差 0.01 扣 1 分		
垂直度	15	0.03	5	超差 0.01 扣 1 分		
其他项	16	零件编程	15			
	17	安全操作规程	15	违反一次扣 5 分		
总配分			100	总得分		
加工开始时间：		停工时间：	加工时间：	规格：60×50×12	日期：	
加工结束时间：		停工原因：	实际时间：	鉴定单位：		

试　题　7

试题 7 零件图及评分标准。

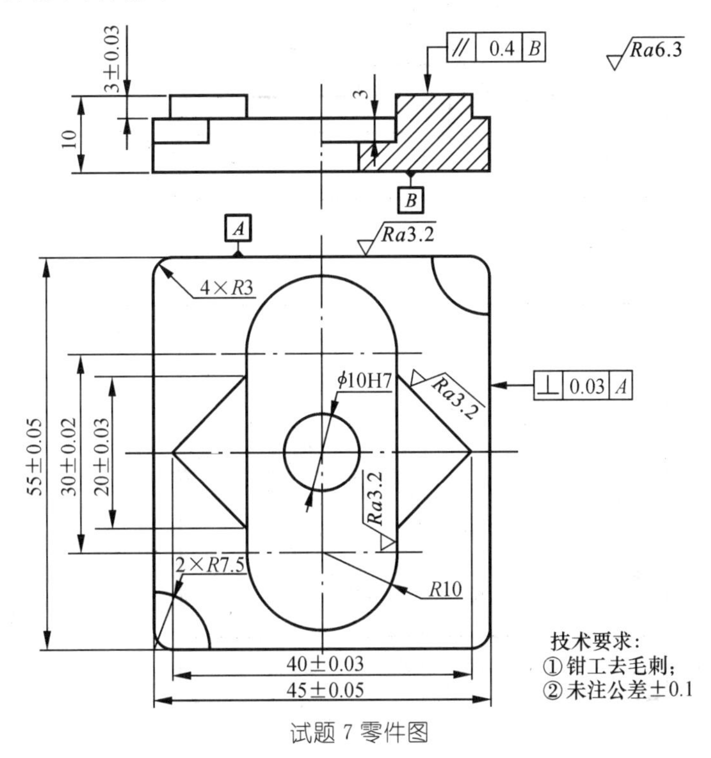

试题 7 零件图

试题 7 评分标准

检测项目		技术要求	配分	评分标准	检测结果	得分
外形	1	55±0.05	5	超差 0.01 扣 1 分		
	2	45±0.05	5	超差 0.01 扣 1 分		
	3	R_a3.2	5	降一级扣 1 分		
	4	R3	5	超差 0.1 扣 1 分		
凸台	5	20±0.03	5	超差 0.1 扣 1 分		
	6	40±0.03	5	超差 0.01 扣 1 分		
	7	3±0.03	5	超差 0.01 扣 1 分		
	8	R_a3.2	5	降一级扣 1 分		
槽	9	30±0.02	5	超差 0.01 扣 1 分		
	10	R10	5	超差 0.01 扣 1 分		
	11	R_a3.2	5	降一级扣 1 分		
孔	12	ϕ10H7	5	超差 0.1 扣 1 分		
平行度	13	0.04	5	超差 0.01 扣 1 分		
垂直度	14	0.03	5	超差 0.01 扣 1 分		
其他项	15	零件编程	15			
	16	安全操作规程	15	违反一次扣 5 分		
总配分			100	总得分		
加工开始时间：		停工时间：	加工时间：	规格：60×50×12	日期：	
加工结束时间：		停工原因：	实际时间：	鉴定单位：		

试题 8

试题 8 零件图及评分标准。

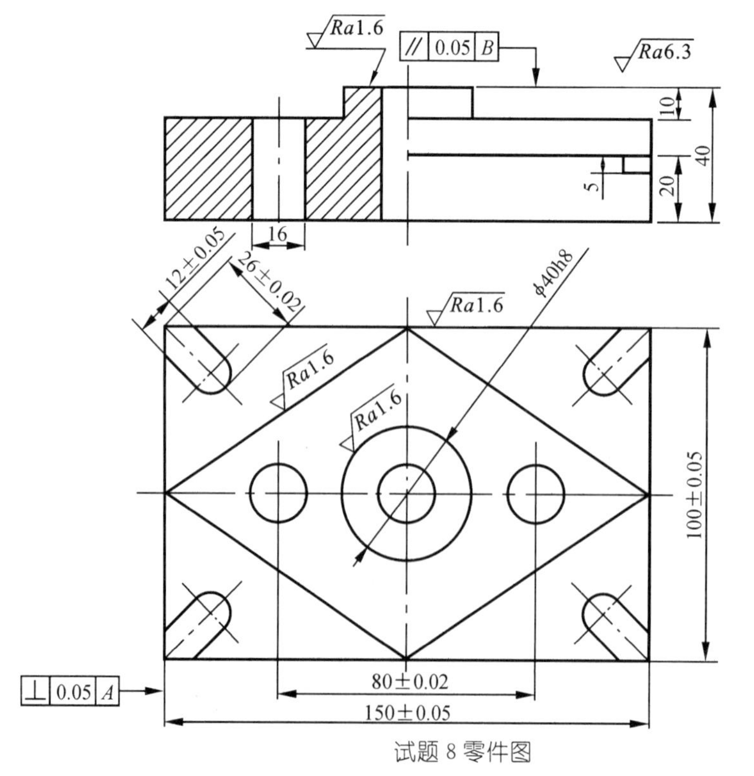

试题 8 零件图

试题 8 评分标准

检测项目		技术要求	配分	评分标准	检测结果	得分
外形	1	150±0.05	5	超差 0.01 扣 1 分		
	2	100±0.05	5	超差 0.01 扣 1 分		
	3	R_a1.6	5	降一级扣 1 分		
凸台	4	ϕ40h8	5	超差 0.1 扣 1 分		
	5	菱形	5	超差 0.01 扣 1 分		
槽	6	12±0.05	5	超差 0.01 扣 1 分		
	7	26±0.02	5	超差 0.01 扣 1 分		
	8	R_a1.6	5	降一级扣 1 分		
孔	9	ϕ40H8	5	超差 0.1 扣 1 分		
	10	孔口倒钝	3	每处未倒扣 1 分（共三处）		
平行度	11	0.05	5	超差 0.01 扣 1 分		
垂直度	12	0.05	5	超差 0.01 扣 1 分		
其他项	13	零件编程	32			
	14	安全操作规程	15	违反一次扣 5 分		
总配分			100	总得分		

加工开始时间：	停工时间：	加工时间：	规格：150×100×40	日期：
加工结束时间：	停工原因：	实际时间：	鉴定单位：	

试　题　9

试题 9 零件图及评分标准。

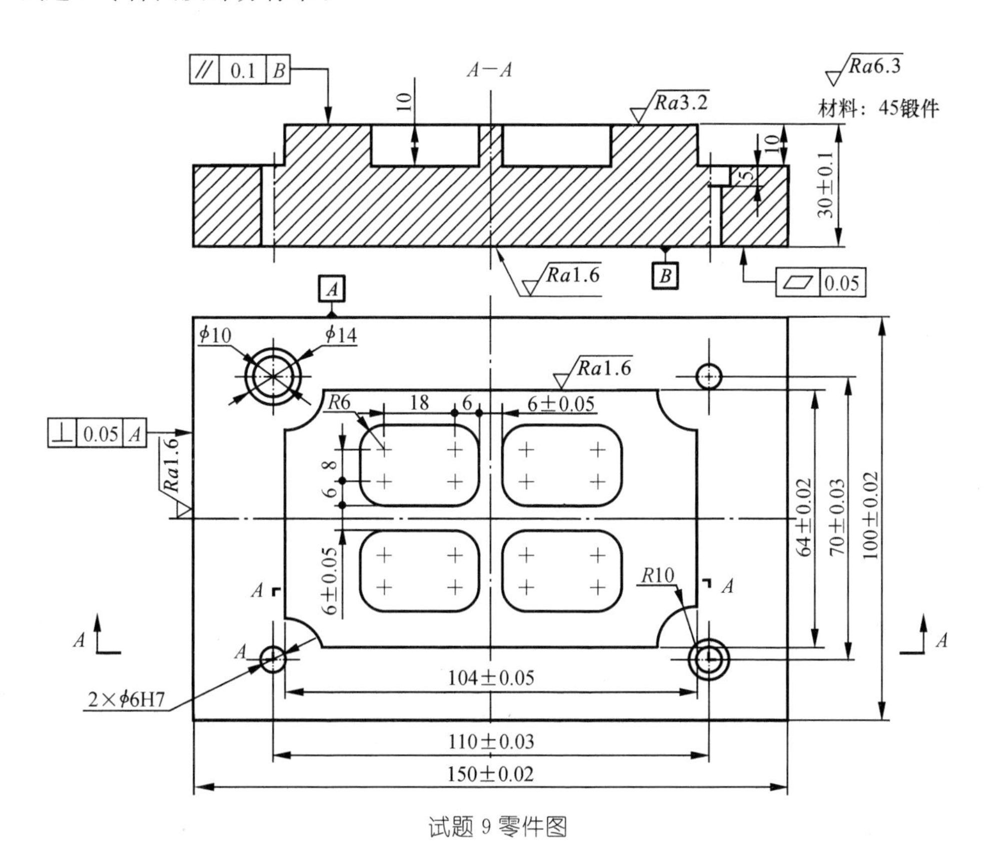

试题 9 零件图

试题 9 评分标准

检测项目		技术要求	配分	评分标准	检测结果	得分
外形	1	150±0.02	5	超差 0.01 扣 1 分		
	2	100±0.02	5	超差 0.01 扣 1 分		
	3	R_a1.6	5	降一级扣 1 分		
凸台	4	104±0.05	5	超差 0.1 扣 1 分		
	5	64±0.02	5	超差 0.01 扣 1 分		
	6	R10	5	超差 0.01 扣 1 分		
槽	7	30±0.1	5	超差 0.01 扣 1 分		
	8	6±0.05	5	超差 0.01 扣 1 分		
	9	R6	5	超差 0.01 扣 1 分		
	10	R_a1.6	5	降一级扣 1 分		
孔	11	2×ϕ10	5	超差 0.1 扣 1 分		
	12	2×ϕ6H7	5	超差 0.01 扣 1 分		
平行度	13	0.01	5	超差 0.01 扣 1 分		
平面度	14	0.05	5	超差 0.01 扣 1 分		
垂直度	15	0.05	5	超差不得分		
其他项	16	零件编程	15			
	17	安全操作规程	10	违反一次扣 5 分		
总配分			100	总得分		
加工开始时间：		停工时间：	加工时间：	规格：150×100×40	日期：	
加工结束时间：		停工原因：	实际时间：	鉴定单位：		

试题 10

试题 10 零件图及评分标准。

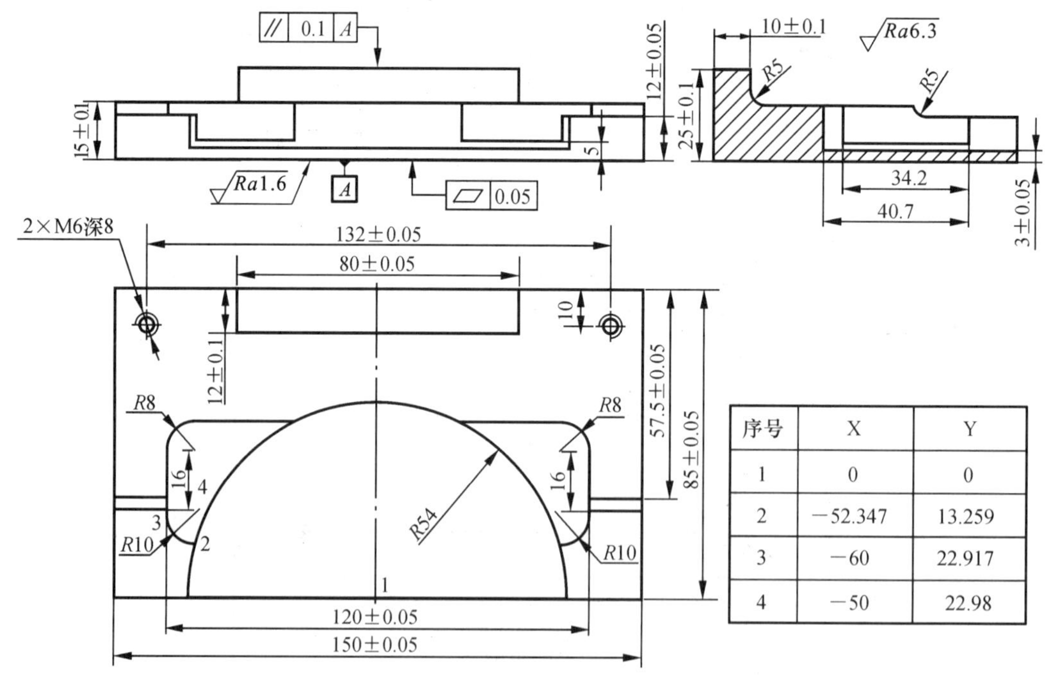

序号	X	Y
1	0	0
2	−52.347	13.259
3	−60	22.917
4	−50	22.98

试题 10 零件图

试题 10 评分标准

检测项目		技术要求	配分	评分标准	检测结果	得分
外形	1	150±0.05	5	超差 0.01 扣 1 分		
	2	85±0.05	5	超差 0.01 扣 1 分		
	3	25±0.1	5	超差 0.01 扣 1 分		
凸台	4	80±0.05	5	超差 0.1 扣 1 分		
	5	12±0.05	5	超差 0.01 扣 1 分		
	6	*R*5	5	超差 0.01 扣 1 分		
	7	12±0.1	5	超差 0.01 扣 1 分		
	8	57.5±0.05	5	超差 0.01 扣 1 分		
槽	9	120±0.05	5	超差 0.01 扣 1 分		
	10	*R*8	5	超差 0.01 扣 1 分		
	11	*R*10	5	超差 0.01 扣 1 分		
	12	*R*54	5	超差 0.01 扣 1 分		
内螺纹	13	2×M6	5	超差 0.1 扣 1 分		
平行度	14	0.1	5	超差 0.01 扣 1 分		
平面度	15	0.05	5	超差 0.01 扣 1 分		
其他项	16	零件编程	15			
	17	安全操作规程	10	违反一次扣 5 分		
总配分			100	总得分		

加工开始时间：	停工时间：	加工时间：	规格：155×90×30	日期：
加工结束时间：	停工原因：	实际时间：	鉴定单位：